SIL定级与验证

SIL Determination and Verification

朱东利　主编

中国石化出版社

内 容 提 要

《SIL定级与验证》介绍了国内的安全生产形势及监管现状，描述了危险与可操作性分析（HAZOP）方法的实施步骤，采用保护层分析（LOPA）方法阐述安全完整性等级（SIL）的确定过程；结合标准IEC61508和IEC61511对设备安全完整性的要求进行讲解，概述编制安全功能要求规格书（SRS）的要点，归纳安全仪表系统（SIS）设计要点。另外，本书从功能安全管理的角度理解安全生命周期的流程；选取故障树模型，结合实际案例对典型冗余表决结构的要求时危险失效平均概率（PFD_{avg}）和误动率（STR）进行了推导；采用计算机程序的方式介绍马尔可夫模型PFD_{avg}计算过程；结合实际案例，介绍SIL验证的过程。

《SIL定级与验证》适用于石油化工、煤化工、医药、储运等行业从事SIS设计、咨询、使用和维护的自控从业人员，也可供从事过程安全相关工作的人员参考。

图书在版编目（CIP）数据

SIL定级与验证/朱东利主编. —北京：中国石化
出版社，2020.5（2023.7重印）
ISBN 978-7-5114-5679-3

Ⅰ.①S… Ⅱ.①朱… Ⅲ.①石油化工-安全仪表-评估 Ⅳ.①TE967

中国版本图书馆CIP数据核字（2020）第064011号

中国石化出版社出版发行

地址：北京市东城区安定门外大街58号
邮编：100011　电话：(010)57512500
发行部电话：(010)57512575
http://www.sinopec-press.com
E-mail：press@sinopec.com
北京科信印刷有限公司印刷
全国各地新华书店经销

*

710×1000毫米 16开本 14印张 230千字
2020年5月第1版　2023年7月第4次印刷
定价：48.00元

扫描下方二维码

获取故障树模型章节配套视频

扫描下方二维码

获取马尔可夫模型章节配套视频

前　　言

近年来，安全仪表系统 SIS 在石化等行业进行了大范围的推广和应用，随之普及的还有安全风险咨询分析。尽管越来越多的同行掌握了 SIS 的全生命周期管理方法，但不管是在线下企业的技术交流，还是在自控猫 ControlMore 交流群中，仍存在很大一部分人员对这部分知识知之甚少。

本书是在查阅相关资料的基础上，结合工作经验编写的，本着去繁就简的原则，尽量贴近工程实际应用，可作为读者工作中的参考。

本书分为 10 章：

第 1 章介绍了 SIS 的相关概念，为后续章节的阅读奠定基础；

第 2 章采用危险与可操作性分析（HAZOP）方法对装置存在的风险进行评估；

第 3 章采用保护层分析（LOPA）方法，评估安全仪表回路（SIF）的安全完整性等级（SIL）；

第 4 章围绕着设备的安全完整性，介绍功能安全认证、失效数据、共因失效因子等，这部分内容是要求时危险失效平均概率 PFD_{avg} 和误动率 STR 计算的基础；

第 5 章阐述了安全功能要求规格书 SRS 的编制；

第 6 章讨论了 SIS 的逻辑绘制、设备选型等常见应用问题；

第 7 章介绍了功能安全评估 FSA 各阶段的工作重点；

第 8 章是 PFD_{avg} 和 STR 计算的方法，对常用的冗余表决回路分别采取故障树模型进行计算，总结各参数对计算结果的影响；

第 9 章采用计算机程序的方式讲解马尔可夫模型计算 PFD_{avg} 的方法；

第 10 章以具体的案例介绍 SIL 验证的过程。

另外，因书中出现多个专业名词及其缩写，为方便阅读，增补"缩略语及释义"表，供读者参考。

本书在编写过程中得到了自控猫技术交流群群友们的技术支持。同时，笔者在参加张建国老师的 TÜV 莱茵功能安全培训中受益良多。张老师系统的知识体系、丰富的工程经验为书籍编制指点了迷津，在此深表感谢。

因知识储备、经验水平有限，书中不足之处，欢迎读者通过自控猫交流群或发邮件至 515914681@qq.com 交流探讨。

朱东利

2020 年 2 月于南京

目　　录

第1章 绪 论

1.1 引 言

近年来，化工行业频发重大安全生产事故，造成了巨大的社会影响。政府监管部门和化工从业人员不得不深刻反思安全事故，探索如何提高化工生产的安全性。

纵观过去发生的事故，因人员误操作或违规操作导致事故发生的比例较高，所以提高操作人员的安全意识、企业的安全管理水平是降低事故发生概率的主要手段之一。但企业安全文化、安全管理的建立和有效实施，并非一朝一夕能够实现。除了以大型国有企业及外资企业为主的综合型化工园区外，我国还有一些以中小型精细化工企业为主体的化工园区及一些零散的涉及危化产品的相关企业，且许多企业管理者安全理念落后，操作人员专业能力不足、安全意识薄弱，生产装置仍以人工操作为主，存在较大的安全隐患。

相比于中长期的安全文化和安全管理建立，提高自动化程度显然能够短期内降低操作人员在生产过程中的过多干预，从而降低安全风险，减少事故的发生。因此，高可靠性的安全仪表系统 SIS(Safety Instrumented System)得到了大范围的推广。

1.2 安全监管要求

《电气/电子/可编程电子安全相关系统的功能安全》IEC61508：2010(国内等同规范 GB/T 20438—2017)是现行功能安全的通用要求规范，主要适用于制造商进行产品研发、设计和制造等。具体应用在过程工业行业的安全仪表系统，可参考《过程工业领域安全仪表系统的功能安全》（IEC61511—2016）。IEC61511面向的是SIS设计人员、集成商和最终用户。

目前SIS设计可遵循《石油化工安全仪表系统设计规范》（GB/T 50770—2013）、《信号报警及联锁系统设计规范》（HG/T 20511—2014），涉及油气管道领域的可参考《油气管道安全仪表系统的功能安全评估规范》（GB/T 32202—2015）、《油气管道安全仪表系统的功能安全验收规范》（GB/T 32203—2015）等。

上述标准只对SIS的设计做了详细的规定，至于是否需要设置SIS，标准中并没有给出硬性要求。随着安全形势日趋严峻，行业标准规范已经无法跟上越来越严格的安全要求，此时政府安全监管部门须用强有力的政策文件，强制提高化工行业自动化水平，以期达到减少安全生产事故的目的。

1. 安委办〔2008〕26号文

2008年9月，国务院安委会颁布了《关于进一步加强危险化学品安全生产工作的指导意见》（安委办〔2008〕26号）。文件提出：安全监管部门组织建设项目安全设施设计审查时，要严格审查高温、高压、易燃、易爆和使用危险工艺的新建化工装置是否设计集散控制系统，大型和高度危险的化工装置是否设计紧急停车系统。

该文件将集散控制系统和紧急停车系统作为安全设施设计专篇的审查要点之一，说明自动化安全设施得到了充分的重视。但文件没有给出大型和高度危险化工装置的界定标准或依据，各省市监管部门在落实文件时仍不好把握。

2. 安监总管三〔2009〕116号文

2009年6月，国家安监总局颁发的《首批重点监管的危险化工工艺目录的通知》（安监总管三〔2009〕116号）是对安委办〔2008〕26号文的实施细则，该文件将化工工艺中的氯化、加氢等15种反应定义为重点监管的危险工艺，并给出了推荐的控制要求及方案。

标准规范、安全监管文件制定的尺度很难把握，若仅给出方向性的柔性条款，则模棱两可不好实施；若给出具体化措施的硬性条款，则有适用性的问题，在执行阶段会造成"一刀切"的现象。

3. 国家安全监管总局令第40号

2011年8月，国家安全监管总局令第40号《危险化学品重大危险源监督管理暂行规定》中，对重大危险源的自动化设计提出了新的明确要求：一级或者二级重大危险源，装备紧急停车系统；涉及毒性气体、液化气体、剧毒液体的一级或者二级重大危险源，配备独立的安全仪表系统(SIS)。

该文件对罐区的设计影响较大。以往大型原油罐、汽油罐组、化工品罐组等设置了紧急切断功能，防止物料冒顶或抽空。有些罐区配备可编程序逻辑控制器 PLC (Programmable Logic Controller)，有些罐区配备集散控制系统 DCS (Distributed Control System)，但 SIS 的应用较少。近年来罐区的自动化改造重点就是增加独立的 SIS，如图 1.1 所示。图 1.1 中，DCS 作为工艺过程联锁，SIS 作为安全联锁。

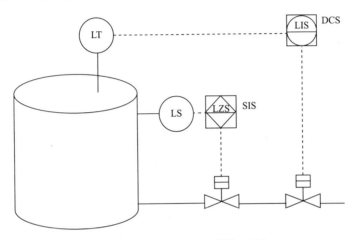

图 1.1 储罐 DCS 和 SIS 联锁(示例)

4. 安监总管三〔2013〕3 号文

2013 年 1 月颁发的《第二批重点监管危险化工工艺目录和调整首批重点监管危险化工工艺中部分典型工艺》(安监总管三〔2013〕3 号)是对安监总管三〔2009〕116 号文的补充，增补了三种危险工艺(新型煤化工、电石生产和偶氮化)，这三种工艺在此之前发生过几次事故。另外，新型煤化工多为流程复杂、高温高压、串并联较多的装置，故也引起了格外重视。

安监总管三〔2013〕3 号文和安监总管三〔2009〕116 号文规定的重点监管危险生产工艺一共为 18 种。

5. 安监总管三〔2014〕116 号文

2014 年 11 月，国家安全监管总局颁发了《关于加强化工安全仪表系统管理的指导意见》(安监总管三〔2014〕116 号)。该文件是在总结前面安全监管文件指导意见的基础上，提出了如下对行业发展有深远影响的新要求：

（1）从 2018 年 1 月 1 日起，所有新建涉及"两重点一重大"（重点监管危险化学品、重点监管危险工艺、重大危险源）的化工装置和危险化学品储存设施要设计符合要求的安全仪表系统。其他新建化工装置、危险化学品储存设施安全仪表系统，从 2020 年 1 月 1 日起，应执行功能安全相关标准要求，设计符合要求的安全仪表系统。

（2）涉及"两重点一重大"在役生产装置或设施的化工企业和危险化学品储存单位，要在全面开展过程危险分析（如危险与可操作性分析）基础上，通过风险分析确定安全仪表功能及其风险降低要求，并尽快评估现有安全仪表功能是否满足风险降低要求。

安监总管三〔2014〕116 号文的普及范围和实施力度相比于前几个文件而言更大。SIS 成为化工行业最热门的话题，自动化尤其是 SIS 在安全监管中的分量越来越重。

以往，根据自控专业的相关标准、规范及安全监管部门所发的文件的要求，设置安全仪表系统即可，但对安全仪表系统保护范围是否有遗漏、是否能有效地降低事故发生的概率没有过多的关注及要求。安监总管三〔2014〕116 号文中引进了基于过程危险分析的风险管理办法，即通过风险分析来评估哪些联锁需要由 SIS 来完成，并要求评估 SIS 的可靠性是否满足要求。

6. 苏安监〔2018〕87 号文和苏应急〔2019〕53 号文

江苏作为化工大省，其对化工行业的监管要求处在全国前列。2018 年 8 月颁发的《关于开展重点化工（危险化学品）企业本质安全诊断治理专项行动的通知》（苏安监〔2018〕87 号）一文中提到，对涉及重点监管危险化工工艺的生产装置、储存设施自动化控制系统，企业可联合专业机构开展 HAZOP 等风险分析或对原 HAZOP 分析报告进行复核，委托设计单位根据风险分析提出的对策措施，完善自动化控制系统并实施治理；企业应委托第三方开展安全仪表系统安全完整性等级（SIL）评估或验算，制订方案并实施整改。

2019 年 6 月颁发的《本质安全诊断治理基本要求》（苏应急〔2019〕53 号）文中，将安全完整性等级（SIL）的评估和验证报告作为本质安全验收文件的组成部分。

从上述安全监管文件的要求不断深入可以看出，石油化工行业风险分析、SIL 评估及验证将会和自控设计一样，是工程项目必不可少的一部分。随着安全理念的提升，技术的推广和行业人才培养扩充后，上述工作将成为常态化。

1.3　安全仪表系统 SIS

1.3.1　SIS 的概念

安全仪表系统 SIS 是指能执行安全功能的仪表系统，这是一个相对宽泛的概念，它包括了紧急停车系统 ESD(Emergency ShutDown System)、燃烧器管理系统 BMS(Burner Management System)、高完整性压力保护系统 HIPPS(High Integrity Pressure Protection System)、火灾报警及气体检测系统 F&GS(Fire Alarm and Gas Detector System)等，如图 1.2 所示。

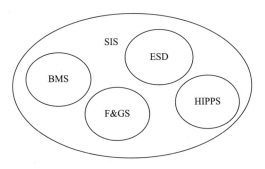

图 1.2　安全仪表系统 SIS

其中：

(1)ESD 是用于生产装置在紧急情况下停车，将生产装置置于安全状态，在石化行业广泛应用。ESD 作为舶来品，是在 20 世纪末石化行业引进国外工艺包时，随着工艺包进入了国内大型生产装置，但应用并不广泛，ESD 也并未与安全生产管理紧密地结合在一起。

过去，ESD 只被理解为只针对于逻辑控制器部分(控制系统单元)。随着行业内对安全仪表系统认知的不断提高，现在理解的 ESD 属于 SIS 的类型之一。需要注意的是，当在役装置设置的紧急停车系统并不符合 SIS 的要求时(如采用普通 PLC 实现联锁停车)，不能将 ESD 等同于 SIS。

(2)燃烧器管理系统 BMS 一般随燃烧器成套提供，主要负责燃烧器吹扫、检漏、点火、安全保护及燃烧控制等。BMS 可监控燃料、助燃物和主火焰等状态，当发生异常工况时能按照既定的安全操作步骤自动将燃烧器置于安全状态，避免燃料和空气在炉膛内聚集，防止爆炸事故发生。

因 BMS 为设备的配套系统，行业人员及监管部门对其重视程度不高，导致在实际应用中 BMS 系统的配置较为混乱，其联锁功能有采用普通 PLC 实现的，也有采用安全型逻辑控制器实现的。

（3）HIPPS 作用是超压保护，多用于炼化装置的上游，如油气田、海上平台等场合。

（4）F&GS 是火气报警和联动用的，当发生火灾时需紧急打开消防设施，属于消防系统的一部分。自控专业关注 F&GS 系统主要是因为气体报警系统 GDS（Gas Detector System）是 F&GS 的组成部分。

F&GS 的设计目前国内还没有标准规范可参考。一般大型石化项目总体设计院会编制项目的 F&GS 统一规定供设计人员遵循，但更多的中小项目中 F&GS 的设计是一个困惑点——将大型项目的方案和要求套用在中小型项目上总是有点格格不入。一些中小型设计单位未配置电信专业人员，F&GS 是由自控专业负责还是电气专业负责，专业分工上存在不明确的情况。

既然 F&GS 属于 SIS 的一部分，那么 GDS 是否也有安全完整性等级的要求呢？诸如此类的问题困扰了部分自控设计人员。结合过去 10 年的发展要求，新发布的《石油化工可燃气体和有毒气体检测报警设计标准》（GB/T 50493—2019）中，对《石油化工可燃气体和有毒气体检测报警设计规范》（GB 50493—2009）中的部分内容进行了升级，其中规定：

（1）可燃气体和有毒气体检测报警系统应独立于其他系统单独设置；

（2）可燃气体二级报警信号、可燃气体和有毒气体检测报警系统报警控制单元的故障信号应送至消防控制室；

（3）可燃气体探测器不能直接接入火灾报警控制器的输入回路；

（4）可燃气体或有毒气体检测信号作为安全仪表系统的输入时，探测器宜独立设置，探测器输出信号应送至相应的安全仪表系统；

（5）可燃气体探测器参与消防联动时，探测器信号应先送至按专用可燃气体报警控制器产品标准制造并取得检测报告的专用可燃气体报警控制器，报警信号应由专用可燃气体报警控制器输出至消防控制室的火灾报警控制器。

可燃（有毒）气体检测报警系统配置见图 1.3。

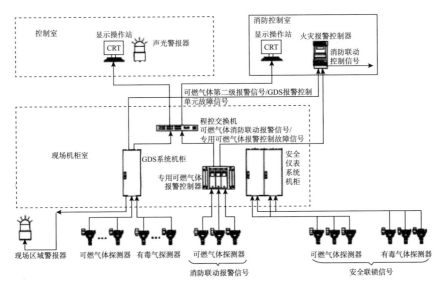

图 1.3　可燃(有毒)气体检测报警系统配置

从图 1.3 中可以看出,若可燃(有毒)气体探测器不参与安全联锁,则使用单独的 GDS 即可,并无安全完整性等级要求;若可燃(有毒)气体探测器参与安全联锁(如液氯槽车库发生氯气泄漏时,SIS 联锁关闭液氯槽车根部切断阀、车间氯气总管切断阀,打开应急吸收系统引风机及碱液循环泵),则根据《石油化工安全仪表系统设计规范》(GB/T 50770—2013)的要求,进入相应的安全仪表系统中执行安全功能。

1.3.2　SIS 的组成

SIS 是由一个或多个执行安全仪表功能 SIF(Safety Instrumented Function)的回路组成,见图 1.4。

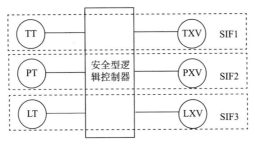

图 1.4　SIS 与 SIF 关系

一个 SIF 回路是由传感器子单元、逻辑子单元和执行元件子单元构成的，其中传感器子单元包括传感器、变送器、现场端浪涌保护器 SPD（Surge Protective Device）、机柜间浪涌保护器、输入安全栅（隔离器）、输入继电器等；逻辑子单元包括电源、处理器、I/O 卡件、软件；执行元件子单元包括输出继电器、机柜间浪涌保护器、现场端浪涌保护器、电磁阀、执行机构、阀体等。图 1.5 描述了一个 SIF 回路的组成。

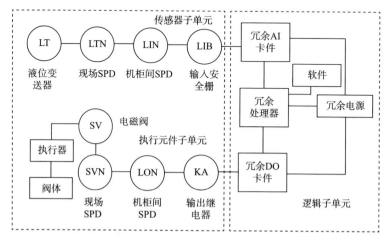

图 1.5　SIF 回路组成(示例)

在有些资料中也有将逻辑子单元的输入卡件划分为传感器子单元，将输出卡件划分为执行元件子单元。需要说明的是，同一回路中的某一设备划分在哪个单元，并不会影响该 SIF 回路的 SIL 验证结果。因安全型逻辑控制器在安全功能认证时包括了 I/O 卡件部分，故本书中将 I/O 卡件划分为逻辑子单元。

1.3.3　SIL 对应关系

安全完整性等级 SIL 的英文全称为：Safety Integrity Level。在行业内它一般被口语化称为"SIL 等级"。虽然英文单词中已经包括了"等级（Level）"的概念，但是"SIL 等级"的表述仍类似于工艺管道仪表流程图 P&ID（Piping And Instrument Diagram），一般简称为"PID 图"而很少说"PI 图"。

IEC61508 中把 SIS 的运行模式分为低要求模式（Low Demand Mode）、高要求模式（High Demand Mode）和连续模式（Continuous Mode），其定义分别如下。

（1）低要求模式：仅当要求时，才执行将生产装置置于规定安全状态的安全功能，并且要求的频率不大于每年一次。

（2）高要求模式：仅当要求时，才执行将生产装置置于规定安全状态的安全功能，并且要求的频率大于每年一次。

（3）连续模式：安全功能将生产装置保持在安全状态是正常运行的一部分。

GB/T 50770—2013 中规定，通常石油化工的安全仪表系统工作于低要求模式，即 SIS 动作频率不大于每年一次；石油化工 SIL 等级最高为 3 级。

故本书中 SIS 的运行模式均为低要求模式。低要求模式下 SIL 与要求时危险失效平均概率 PFD_{avg}（Average Probability of Dangerous Failure on Demand，表示 SIS 发出要求时执行安全仪表功能的平均不可用性，即拒动率）相关，对应关系见表 1.1。

表 1.1　低要求模式下 SIL 与 PFD_{avg} 对应关系

SIL	PFD_{avg}	风险降低因子 RRF	安全有效性 SA
1	$10^{-2} \leqslant PFD_{avg} < 10^{-1}$	$10 < RRF \leqslant 100$	$90\% \sim 99\%$
2	$10^{-3} \leqslant PFD_{avg} < 10^{-2}$	$100 < RRF \leqslant 1000$	$99\% \sim 99.9\%$
3	$10^{-4} \leqslant PFD_{avg} < 10^{-3}$	$1000 < RRF \leqslant 10000$	$99.9\% \sim 99.99\%$

表 1.1 中，风险降低因子 RRF（Risk Reduction Factor）是 PFD_{avg} 的倒数：

$$RRF = 1/PFD_{avg} \qquad (1.1)$$

安全有效性 SA（Safety Avaliability）与 PFD_{avg} 的关系为：

$$SA = 1 - PFD_{avg} \qquad (1.2)$$

例如：描述某个 SIF 回路的要求时危险失效平均概率 PFD_{avg} 为 2.5×10^{-3}，等同于描述该 SIF 回路的风险降低因子 RFF 为 400；从数学角度来看，RRF 比 PFD_{avg} 表达方式更为直观。同样，采用安全有效性 SA 表达该回路的安全有效性为 99.75%，也更容易理解。

值得一提的是，在现实应用中经常说"某工厂的 SIS 是 SIL3 的"，这种说法是不准确的，因为 SIL 是针对 SIF 回路的。上述说法是将 SIS 等同于安全型逻辑控制器，故其说的"SIS 是 SIL3 的"通常是指选用了取得 SIL3 认证的安全型逻辑控制器。同样，"某个仪表是 SIL2 的"说法也是不准确的，因为 SIL 并不是仪表的本身属性，而是该仪表能够支持的安全完整性等级的能力，准确的说法应该是"某单台仪表具有使用在安全完整性等级为 2 级的 SIF 回路中的能力"。

1.3.4 误停车等级 STL

企业不仅要考虑生产装置的安全性，同时也要考虑可用性，过度追求安全性的同时可能会造成装置误停车的次数变多，而且在非计划停车和开车过程中易发生安全事故。对于联锁回路的可用性，可以通过计算 SIF 回路的误动率 STR（Spurious Trip Rate）来表征，也有一些资料中采用 PFS（Probability of Fail Safe Per Year）表示误动率。这样就可以通过合理的配置 SIF 回路找到安全性和可靠性的平衡点。

误停车主要会造成企业经济的损失，包括直接经济损失和间接经济损失。误停车等级 STL（Spurious Trip Level）并没有像 SIL 那样有明确的划分，但可通过定性分析的方法将 STL 与误停车造成的经济损失关联在一起，如表 1.2 所示。

表 1.2　STL 的划分（示例）

STL	STR	经济损失/万元
1	$\geq 10^{-2} \sim < 10^{-1}$	< 10
2	$\geq 10^{-3} \sim < 10^{-2}$	$\geq 10 \sim < 50$
3	$\geq 10^{-4} \sim < 10^{-3}$	$\geq 50 \sim < 300$
4	$\geq 10^{-5} \sim < 10^{-4}$	$\geq 300 \sim < 1000$
5	$\geq 10^{-6} \sim < 10^{-5}$	≥ 1000

关于经济损失可接受的标准，表 1.2 中的数值仅供参考，具体数值需要根据企业的可接受标准确定；STL 等级也不只限定为 1～5 级，企业需结合自身的风险矩阵来确定。

1.4　SIS 的整体安全生命周期

图 1.6 为 SIS 的整体安全生命周期，包括前期的功能安全管理计划、咨询设计和后期的使用、维护、变更等全过程。

1.4.1 功能安全管理计划

功能安全管理 FSM（Function Safety Management）是在整体安全生命周期中，为达到安全相关系统的功能安全所进行的管理活动。它贯穿在整体安全生命周期的所有阶段之中，属于企业的质量管理体系组成部分。

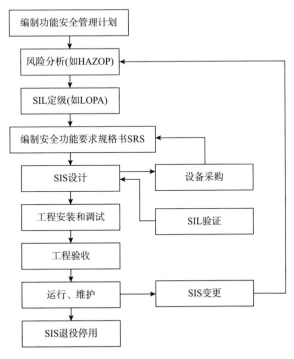

图 1.6　SIS 整体安全生命周期

功能安全管理的目的是确定安全生命周期中所有阶段的管理和技术活动内容，并确定人员、部门和组织在安全生命周期各阶段活动所担负的责任。简单地说，功能安全管理计划就是规定谁负责什么和通过什么活动来负责。

在 SIS 安全生命初期，需制订功能安全管理计划，为后续的工作做好安排。

1.4.2　咨询、设计阶段

安全法规、文件规定了哪些场合需要设置 SIS，标准规范也给出了如何设置 SIS 的要求，但具体项目中哪些安全仪表功能由 SIS 执行，每个 SIF 回路的 SIL 定为几级，以及 SIF 的配置是否能满足 SIL 的要求，安全性和可靠性如何找到平衡点，诸如此类问题均需在咨询、设计阶段考虑。

在设计阶段，设计人员可根据经验对 SIF 回路的 SIL 进行预验证，用于指导设备采购；在设备采购之前，根据拟采购的设备进行 SIL 验证，并根据 SIL 验证的结果修改采购设备类型、型号或者更改 SIS 设计方案。

1.4.3 运行阶段

SIS 的运行、维护阶段占据整体安全生命周期的大部分时间，SIS 在该阶段的安全性主要取决于企业的安全管理制度、技术规定及维护人员的业务能力。长周期的运行维护阶段是 SIS 安全生命周期管理尤为重要的一个阶段，此阶段能否完整、正确地实行决定着 SIF 回路的 SIL 等级能否得以保持，SIF 功能能否得以实现。

当 SIS 运行后发生变更(如更改联锁逻辑、更改联锁设定值)时需重新进行 HAZOP 分析及后续的评估等，充分识别变更的风险并做好变更记录。

1.5 小 结

以往 SIS 设计更多关注安全型控制逻辑器的选择(如 SIS 技术规格书中会对控制系统的硬件和软件提出要求)，对现场仪表、控制阀等设备重视不够，没有完整的 SIF 回路的概念。

SIS 的推广，很难对企业在 SIS 设置前与设置后事故减少的概率进行量化，毕竟事故只有发生后才能知道。事故的发生是多方面原因造成的，事故的预防手段也并非只有 SIS 一种，但 SIS 无疑是一种便捷高效的方式。在做 SIS 的过程中，行业的安全意识和理念得到了提高，设置 SIS 的"硬要求"促进了安全管理的"软提升"。

参考文献

[1] 冯晓升，熊文泽，潘钢，等. GB/T 20438.1—2017/IEC61508：1—2010 电气/电子/可编程电子安全相关系统的功能安全 第 1 部分：一般要求[S]. 北京：中国标准出版社，2017.

[2] 文科武，裴炳安，朱华兴，等. GB/T 50493—2019 石油化工可燃气体和有毒气体检测报警设计标准[S]. 北京：中国计划出版社，2019.

[3] 庄腾宇，李荣强，曹德舜. 误动率计算在安全仪表系统可靠性评估中的应用[J]. 仪器仪表标准化与计量，2012，5：12 – 15.

[4] Thao Dang, Michael Schwarz, and Josef Börcsök. Effect of Demand Rate on Evaluation of Spurious Trip Rate of a SIS[J]. International Journal of Mathematical Models and Methods in Applied Sciences, 2015, 9：487 – 498.

第2章 HAZOP 分析

风险评估是评价来自危险源的风险程度大小，并考虑现有控制措施的适宜性和决定该风险是否可接受的过程。目前，流程行业普遍采取危险和可操作性分析 HAZOP(Hazard and Operability Study) 的方法对生产装置工艺流程进行风险评估。

2.1 HAZOP 简介

HAZOP 分析已在石化行业应用多年，是一个被广泛接受和认可的方法，主要目的是辨识潜在的事故场景。

2.1.1 分析方法

HAZOP 分析是一个提出偏差、分析偏差导致的后果及现有控制偏差的措施是否满足要求的过程。常见的工艺参数、引导词及偏差见表 2.1。

表 2.1 HAZOP 分析常用偏差

序号	工艺参数	引导词	偏差
1	温度	过高	温度过高
		过低	温度过低
2	压力	过高	压力过高
		过低	压力过低
3	流量	过大	流量过大
		过小	流量过小
4	液位	过高	液位过高
		过低	液位过低
5	分析	过大	分析数值过大
		过小	分析数值过小

续表

序号	工艺参数	引导词	偏差
6	电流	过大	电流过大
		过小	电流过小
7	电机运行	有	电机运行
		无	电机停止

表 2.1 中只是部分示例，一些工艺中还需要考虑投料顺序、配料比、杂质、误投料、逆流等偏差。故在执行具体项目时，设计人员要根据分析的需要设置工艺参数及引导词，二者结合后才能准确表达出偏差。如"压力过高"这一偏差，也可描述成"压力偏高""压力过大"，在负压场合可以描述成"出现正压"。在个别分析会议现场，与会人员会提出"压力过高具体是高到什么地步?"的疑惑，如果描述成"压力偏高"可能会更容易接受，尽管这看起来像文字游戏，但却有助于分析会议的推进。

HAZOP 分析要尽可能地识别出所有的偏差，避免有遗漏。分析人员可借助专业的 HAZOP 分析软件根据分析对象自动设置偏差，在软件自动设置的基础上进行偏差增减。

2.1.2 分析团队

HAZOP 方法本身简单易学，分析过程就是一场头脑风暴。所以，分析结果的深度与参会者的专业组成、工作经验、对生产装置的了解程度有很大的关系。不同的团队分析同一个装置可能得出的结果也会不同。

通常，分析团队由 HAZOP 组长、安全工程师、工艺工程师、自控工程师、设备工程师、操作人员等相关专业背景的人员组成。有些企业还要求有持有 HAZOP 培训证书的人员组织会议。但 HAZOP 分析对工艺、设备、自动化等专业技能要求较高，非仅掌握分析技巧的人就能实施好 HAZOP 分析，分析团队的综合能力及会议组织起关键性作用。

HAZOP 分析可以由建设单位自行完成，也可以由设计单位、第三方咨询公司完成，不同组织方式各有其优缺点。

一些大型国有企业或外资企业，因内部保密等需要，HAZOP 分析一般由专门的 HSE 部门牵头完成。企业内部做 HAZOP 分析的优势在于团队人员了解装置的情况；缺点是企业生产任务重，安全部门作为组织部门无法有效地组织各部门长时间参加分析会议，同时会出现操作习惯及思维定式的弊端，以及会忽略标准规范、法律法规的要求等。

由设计单位组织做 HAZOP 分析也较为常见，优点是设计单位专业齐全，可以组织建设单位的相关专业人员共同参与 HAZOP 分析；缺点是初步的 P&ID 等基础资料均由设计单位完成，若分析团队依然由设计团队人员组成，可能会议会流于形式，无法得出建设性的意见。

由第三方咨询公司组织建设单位、设计单位做 HAZOP 分析，优点是引入了第三方咨询公司的专业力量，可以规避建设单位内部组织不力，以及设计单位原班人马思维定式的问题；缺点是对第三方咨询公司分析团队人员的专业能力和经验有较高的要求，第三方咨询公司人员要能为装置的风险识别和控制措施提出有效的引导和建议。

2.1.3 分析时机

HAZOP 分析在设计阶段和生产阶段进行均可，其各有优缺点，作用也各有不同。

设计阶段的 HAZOP 分析多以设计单位为主，此时生产装置尚未运行，更多地是从法律法规、标准规范的角度来完善安全措施。设计阶段进行的 HAZOP 分析产生的变更费用更少。生产实施阶段的 HAZOP 分析多以建设单位为主，工厂人员掌握了工艺生产步骤，明确了装置潜在的风险点，此时 HAZOP 能够结合实际有针对性地进行分析。

在设计阶段实施 HAZOP 分析的项目，建议在装置投产运行一年以后，由建设单位组织对 HAZOP 分析进行复核，对运行后的装置进行再次分析评估，分析存在的操作风险，并提出安全建议措施。如遇工艺变更，HAZOP 分析也可一并开展。

对涉及"两重点一重大"的生产装置，HAZOP 分析建议每 3 年复核一次；对不涉及"两重点一重大"的，建议每 5 年复核一次。HAZOP 分析主要是对一个期间内生产装置的运行、变更、停用等进行回顾，并结合最新的监管要求进行补充和完善。

2.1.4 所需资料

HAZOP 分析前, 需准备的资料见图 2.1, 其中带 * 标记为必备资料。

图 2.1 HAZOP 分析所需资料

1. 风险评价管理制度

不同的风险矩阵对应不同的风险等级。合适的后果严重性划分, 对 HAZOP 分析结果有着关键性的影响。对于安全管理制度完善的企业, HSE 部门会制订企业的风险评价管理制度, 用于管理和统一企业的风险评价。

值得注意的是, 某些大型项目可能由多个总承包单位承建, 也有些项目是分批建设的, 这就存在各生产装置的 HAZOP 分析并非由同一单位负责的情况。为了统一企业的风险管理, HAZOP 分析采用统一的风险矩阵就至关重要, 因此 HSE 部门有必要制定企业的风险评价管理制度。

2. P&ID

分析范围内的 P&ID 是 HAZOP 分析的基础文件。

有些已运行多年的装置, 因安全检查提出须进行 HAZOP 分析, 但可能现在的生产团队已经不是当初项目的建设团队, 同时装置也陆续做了一些大大小小的改造, 所以造成装置的现状与 P&ID 图纸不一致, 这给 HAZOP 分析的准备工作带来了很大的困难。

3. 工艺说明

工艺说明可帮助 HAZOP 分析团队快速熟悉 P&ID, 方便划分分析节点, 同时了解生产工艺, 有助于提升 HAZOP 分析的质量。

4. 操作规程 SOP

在关注工艺、设备、自控等硬件设施是否完善的同时，分析人员还需关注生产过程中的操作问题。完善的操作规程 SOP（Standard Operation Procedure）可以有效地指导人员生产操作。

SOP 规定了生产过程的具体步骤及维护要求等，可方便 HAZOP 分析团队了解生产过程。对于新建项目，前期可能还未编制 SOP，故操作规程 SOP 是可选资料。

5. 化学品安全技术说明书 MSDS

MSDS（Material Safety Data Sheet）中描述了化学品的理化特性、健康危害、燃爆风险、消防措施、个体防护等内容，方便 HAZOP 分析时根据介质的特性，识别其风险，提出对应的建议措施。

6. 类似装置事故案例

装置发生火灾、爆炸后的后果严重程度可参考以往类似装置事故案例的后果进行确定。类似装置事故案例一般由 HAZOP 分析牵头单位负责收集和统计，这样既可以了解类似装置事故发生的原因，又可以了解事故造成的后果。企业的安全管理人员及操作人员往往认为自己的工厂是安全的，常常会忽略一些不安全的隐患，通过在 HAZOP 分析会议之前回顾类似装置的事故案例，提示企业人员那些看起来不会造成风险的隐患确实在其他工厂发生过，应当引以为戒。

表2.2 以某精细化工项目的 HAZOP 分析为例，列示了在分析会议开始前收集到的以往类似装置事故案例。

表2.2 类似装置事故案例（示例）

序号	装置	事故直接原因	事故后果
1	蒸馏	在事故发生前的 4 个多小时时间里，6 号废水处理装置醚化碱洗废水蒸馏釜的反应温度、压力出现了持续的超温、超压等异常工况，但异常工况并未得到有效处置	约 20m² 车间顶部发生坍塌，造成 4 人受伤（1 人重伤、3 人轻伤）
2	蒸馏	由于甲基邻苯二胺（粗品）含有的杂质在蒸馏过程中随着甲基邻苯二胺的产出，浓度逐渐升高，在一定的温度和空气进入釜内的条件下，发生化学反应，引起爆炸	造成 3 人死亡，3 人受伤

续表

序号	装置	事故直接原因	事故后果
3	胺化	事故发生时冷却失效,且安全联锁装置被企业违规停用,大量反应热无法通过冷却介质移除,体系温度不断升高;反应产物对硝基苯胺在高温下易发生分解,导致体系温度、压力极速升高造成爆炸	造成3人死亡,3人受伤
4	酯化	该公司在生产巯基乙酸乙酯的过程中,使用巯基乙酸和异辛醇在负压下进行酯化反应,反应釜真空管堵塞,造成釜内形成正压,压力升高,釜内液体异辛醇溅出发生爆裂	造成3人受伤

7. 联锁逻辑图

当 P&ID 上联锁逻辑标识不明确时,需要联锁逻辑图(或因果表、联锁说明)辅助描述现有的控制措施。

8. 其他

安全评价报告、在役装置诊断报告、总平面布置图、设备平面布置图、设备数据表、事故应急预案等,均可辅助 HAZOP 分析。

2.2 HAZOP 分析流程

《危险与可操作性分析(HAZOP 分析)应用导则》(AQ/T 3049—2013)中,将 HAZOP 分析流程分为要素优先和引导词优先两种分析习惯。

要素是指节点中的组成部分,如某节点中包括了储罐、泵、反应器等,储罐就是其中的一个组成要素。当以要素优先时,选择"储罐"为分析要素,分别选择不同的偏差(如温度过高、压力过高、液位过高)等对其进行分析。当以引导词优先时,选择一个引导词,如"压力",分别分析节点中的储罐、泵、反应器等"压力过高""压力过低"所造成的后果。

在进行 HAZOP 分析时,分析人员应决定选择要素优先还是引导词优先,因为 HAZOP 分析的习惯会影响分析顺序的选择。

图 2.2 为要素优先的 HAZOP 分析流程,图中的确定风险矩阵和 P&ID 节点划分属于分析会议前的准备工作。

HAZOP 分析工作要合理安排时间,在分析会议之前需准备充足;分析会议不宜连续开展，否则会造成人员精神疲惫、分析遗漏等；对于工艺流程较长的分析项目建议每周 2 ~ 3 天的会议为宜，关键要做好分析记录；当为了推进分析会议进度时，项目可以采用多个分析小组同时进行的方式，也可以采用会议录音的方式以减少记录人员现场记录的时间。

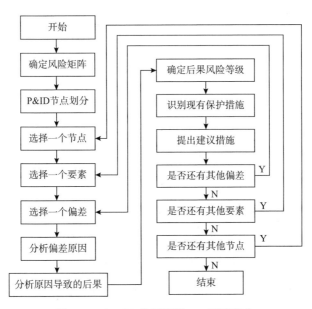

图 2.2　HAZOP 分析流程——要素优先

2.2.1　风险矩阵

风险矩阵的制订不仅要结合企业的安全风险评价管理制度，还要结合目前国内法律法规的要求。风险矩阵如果制订得过于宽松，则不适宜当前严峻的安全管理形势；过于严格，则会大大提高各个偏差导致的后果风险等级，造成保护措施投资大幅度增加等。因此企业需要制订一个合适的风险矩阵表应用于 HAZOP 分析中。

风险 R(Risk)是严重性 S(Serious)和可能性 L(Likely)的组合：

$$R = S \times L \qquad (2.1)$$

事故的严重性等级可参考《危险化学品生产、储存装置个人可接受风险标准和社会可接受风险标准（试行）》（安监总局公告 2014 年第 13 号）、《保护层分析（LOPA）应用指南》（GB/T 32857—2016）等文件。这些文件主要从人员伤亡、直接经济损失、停工损失、环境影响、声誉影响等方面考虑。不同角度关注的后果不一样：政府监管部门关注的是人员伤亡、环境影响、声誉影响等；客户关注的是停工时间，因为停工后会导致客户原料供应不足；而企业则不仅要关注安全、环境等风险，还会关注经济损失。

依据《生产安全事故报告和调查处理条例》(国务院令第 493 号)，根据生产安全事故造成的人员伤亡或者直接经济损失，事故一般分为特别重大事故、重大事故、较大事故、一般事故 4 个等级。其中一般事故是指造成 3 人以下死亡，或者 10 人以下重伤，或者 1000 万元以下直接经济损失的事故，所称的"以下"不包括本数。

在划分人员伤亡的后果严重性等级时，建议以一般事故为最严重的等级，即人员伤亡对应"1 ~ 2 人死亡，或者 3 ~ 9 人重伤"。因为目前的监管要求是出现人员死亡即停产整顿，所以要求严格的企业规定：当事故出现 1 人次死亡时即认定为最严重等级的后果。

直接经济损失是指因事故造成人身伤亡及善后处理支出的费用和毁坏财产的价值，包括人身伤亡所支出的费用(医疗费用、丧葬及抚恤费用、补助及救济费用和误工费等)、善后处理费用(处理事故的事务性费用、现场抢救费用、清理现场费用、事故罚款和赔偿费用等)、财产损失费用(固定资产损失和流动资产损失)。直接经济损失的后果严重性等级，可以根据一般事故的"1000 万元"为最严重的等级，也可根据企业的承受能力适当进行调整。

停工损失属于间接损失，如工作损失价值、资源损失价值、处理环境污染的费用、补充新职工的培训费用以及其他损失费用。停工是有密切上下游关系(如代加工厂、原料药工厂与制剂工厂等)的客户所在意的事，故有客户严格审计的项目还会单独出具一份面向客户的 HAZOP 分析报告，辨识危险事件发生后导致的停工后果。

对于环境影响和声誉影响的后果划分，绝大多数企业是一样的。过去，因环保监管力度不严、信息传输闭塞，众多企业忽略了事故对环境的影响和对社会稳定性的影响。有些事故并不会造成人员伤亡，却会造成严重的环境影响(如装卸码头泄漏，原油泄漏至海中)；有些事故虽然没有太大的损失，但经过网络大范围的传播，会造成负面的社会影响。

表 2.3 是某项目采用的后果严重性等级划分表，后果严重等级 S 分为 0 ~ 5 级，5 级是最严重。其他项目也可参考执行。在具体应用时，人员伤亡和直接经

济损失可根据企业自身的风险承受能力及安全管理目标进行调整，但不应低于法律法规中给出的标准。

表2.3　严重性等级划分(示例)

严重性	后　果				
	人员伤亡	直接经济损失	环境影响	停工	声誉影响
0	无人员伤亡	无影响	无影响	无影响	无影响
1	急救，短时间身体不适	10万元以下	轻微影响，未超过界区	受影响不大，几乎不停工	企业内部关注，形象没有受损
2	医疗处置，轻伤，工作受限	10万~50万元	较小影响，不会受到管理部门的通报或违反允许条件	1套装置停工或设备停工	园区、合作伙伴影响
3	对健康有轻微永久性伤害（骨折、听力丧失、慢性病）	50万~100万元	局部影响，受到管理部门的通报或违反允许条件	2套装置停工或设备停工	本地区内影响，政府管制，公众关注负面后果
4	对健康有永久性伤害，丧失劳动能力	100万~500万元	重大泄漏，给工作场所外带来重大影响	2套以上装置停工或设备停工	国内影响，政府管制，媒体和公众关注负面后果
5	1~2人死亡或丧失劳动力，3~9人重伤	500万~1000万元	重大泄漏，给工作场所外带来严重的环境影响，且会导致直接或潜在的健康危害	全厂停工	国际性影响

在 HAZOP 分析时，人员伤亡可根据操作区域的人数进行估算；直接经济损失可根据分析对象中的设备、物料、管道等费用进行估算；环境影响和声誉影响可参考类似装置发生事故后，对周围环境造成的破坏，以及国内国际媒体的报道情况进行确定。

可能性等级一般划分为5级(也有一些企业划分为6级)，见表2.4，从1级到5级发生的概率依次变大。石化行业内对可能性划分基本一致。

表2.4　可能性等级划分(示例)

可能性等级	频率/年	描　述
1	几乎不可能	只有在特殊的情况下会发生，或在同行业内从未发生但并不完全不可能
2	可能性小	同行业未发生过，但在其他行业发生过的事件
3	可能	在同行业发生过
4	相当可能	在公司已经发生过的事件
5	频繁	在大多数情况下可能会发生，或在装置每年发生几次

严重性等级和可能性等级根据式(2.1)相乘得出风险值，对应表2.5的风险等级。不同的风险等级应采取不同级别的管控措施，当在保护措施不足以降低风险等级时，企业应制订相应安全措施的整改期限。

表2.5　风险等级 R 及控制措施(示例)

风险值	风险等级	应采取的管控级别	实施管控措施
1~8	低风险	班组、岗位管控	有条件、有经费时完善管控措施
9~12	中风险	车间(部室)级、班组、岗位管控	建立目标、建立操作规程，加强培训及沟通
15~16	高风险	公司(厂)级、车间(部室)级、班组、岗位管控	立即或近期补充管控措施，定期检查、测量及评估
20~25	重大风险	公司(厂)级、车间(部室)级、班组、岗位管控	立即补充管控措施，以期降低风险级别，定期检查、测量及评估

表2.3~表2.5可转换成表2.6的风险矩阵。

表2.6　HAZOP 分析用风险矩阵(示例)

严重性	可能性				
	1	2	3	4	5
	几乎不可能	可能性小	可能	相当可能	频繁
0	低	低	低	低	低
1	低	低	低	低	低
2	低	低	低	低	中
3	低	低	中	中	高
4	低	低	中	高	重大
5	低	中	高	重大	重大

2.2.2 节点的划分

很多生产装置的流程较长，所以要划分分析节点——从哪儿开始分析，分析到哪儿才算结束。划分节点有助于对长流程 P&ID 进行条理性的风险分析。分析节点划分得太小，则会出现大量的重复工作，增加了工作量；分析节点划分得太大，则可能会出现分析目标不够明确，从而导致分析遗漏或者分析不到位。

HAZOP 常见的分析节点类型见表2.7。

表2.7 常见的节点类型

序号	节点类型	序号	节点类型
1	作业步骤	8	泵
2	管线	9	鼓风机
3	间歇反应器	10	换热器
4	连续反应器	11	加热炉
5	罐/槽/容器	12	公用工程
6	塔	13	以上节点的合理组合
7	压缩机	14	其他

划分分析节点采取单元划分、物料划分或两者结合的方式划分，在项目中较为常见。另外，也可以一张 P&ID 为一个分析节点。节点的划分没有规则或标准，所以不存在对或错，只要便于合理、有序地安排 HAZOP 分析进度即可。

HAZOP 分析节点的划分在 HAZOP 分析会议之前完成，并提前将节点、拟分析的偏差等信息录入 HAZOP 分析记录表中，以节约 HAZOP 分析会议时间，提高分析效率。

2.2.3 偏差及原因

化工生产装置是由化工设备和管线组成的。设备和管线是 HAZOP 分析节点中的主要组成要素。常见的化工设备有泵、风机、压缩机、储罐、反应釜、反应器、塔、换热器、锅炉、燃烧炉、过滤设备等。设备的一部分偏差是由其配套的管线物料偏差引起的。

总结常见设备的偏差有利于正确引导 HAZOP 分析，能够尽量减少偏差分析遗漏。但还要意识到，HAZOP 分析不仅仅是"八股文"式的设备偏差分析，还应结合具体工艺以及工艺系统上下游的关联设施，全面地进行风险识别。

引起偏差产生的原因也可叫初始事件。《保护层分析（LOPA）应用指南》（GB/T 32857—2016）中，将初始事件分为外部事件、设备故障和人的失效三大类，见表 2.8。

表 2.8 初始事件类型

序号	类别	描述
1	外部事件	自然灾害、临近工厂的重大事故、破坏或恐怖活动、雷击等
2	设备故障	控制系统失效（包括变送器、阀门、控制系统、软件失效，以及配套的电力、压缩空气等失效）、设备故障、公用工程系统失效等
3	人的失效	未能正确对工艺过程进行响应、未按 SOP 要求操作、维护失误、误操作等

在 HAZOP 分析过程中，外部事件主要考虑的是自然因素对生产过程的安全影响。例如：雷击现象会导致装置误停车或引发火灾事故；冬季伴热不当会导致管线堵塞、循环水结冰，造成安全风险；过于干燥的天气会产生静电，从而引起火花；雨水过多的地方造成仪表、接线箱等进水等，从而影响生产。故设计人员要考虑"南方防雷、北方防冻"。自然灾害需从建筑、结构、总图、给排水等专业角度考虑，HAZOP 分析主要针对的是工艺流程。

随着各行业自动化程度的提高，控制系统的失效可能是引起工艺偏差的主要原因之一。如反应釜内压力升高，但压力变送器显示偏低；或阀门在需要动作时却卡涩，无法有效执行控制系统命令；亦或控制系统本身的硬件或者软件发生故障等等。检测仪表、阀门、控制系统都存在一定的失效概率，需通过定期的校验、检查、维护、更换等确保设备的完好性和可用性。

人员误操作是事故发生的最主要原因，因此 HAZOP 分析应多关注企业日常管理规程和规章制度，用于约束人的不安全行为。同时，提升生产装置、设备的本质安全可从根本上避免出现安全生产事故。

表 2.9 中列举了部分设备的偏差及偏差产生的原因，供 HAZOP 分析参考。具体分析还需结合项目实际情况进行增减。

表2.9　部分设备偏差及原因(示例)

序号	设备	偏差	偏差产生的原因
1	间歇式反应釜	温度过高	(1)温度控制回路失效； (2)人员操作失误，误打开热媒阀门或热媒阀门内漏； (3)搅拌停止； (4)催化剂过量； (5)物料滴加速度过快； (6)温度计未插入至液面以下； (7)环境温度过高
		温度过低	(1)热媒供应失效或者冷媒温度过低； (2)催化剂加入不足； (3)人员操作失误，误打开冷媒进料阀或冷媒阀门内漏； (4)环境温度过低
		压力过高	(1)压力控制回路失效； (2)温度过高； (3)真空系统失效； (4)放空堵塞； (5)高压串低压，如氮气减压阀失效、冷凝器内漏、夹套内漏等； (6)空气混入
		液位过高	(1)进料管线流量控制回路失效； (2)人员操作失误，导致进料过多； (3)液位计虚假液位； (4)大量氮气进入鼓泡，导致虚假液位； (5)上一批物料残余； (6)冷凝器泄漏或者夹套泄漏
		液位过低	(1)釜底阀泄漏； (2)人员操作失误或进料流量调节回路失效，导致投入量过少； (3)物料泄漏至夹套公用工程系统中； (4)液位计虚假液位
		氧含量过高	(1)投料过程中混入空气； (2)检修过程中混入空气； (3)氮气置换不完全； (4)泄漏，外部空气混入； (5)反应产生氧气
		水含量过高	(1)物料中水含量过高； (2)反应釜未烘干； (3)反应釜夹套内漏，或冷凝器内漏； (4)清洗用水管线阀门误打开或内漏

续表

序号	设备	偏差	偏差产生的原因
1	间歇式反应釜	投料比例错误	(1)流量控制回路失效； (2)流量计未清零； (3)人员投料操作失误； (4)配方错误
		误投料	(1)人员操作失误； (2)仓库发放错误； (3)阀门误打开或内漏
2	储罐	温度过高	(1)环境温度过高； (2)进料温度过高； (3)冷却系统失效； (4)伴热系统误打开或阀门内漏； (5)温度控制回路失效
		温度过低	(1)环境温度过低； (2)伴热系统失效； (3)温度控制回路失效； (4)进料温度过低
		压力过高	(1)上游设备压力过高； (2)压力控制回路失效； (3)温度过高，介质挥发过多； (4)排空堵塞或排空阀门误关闭； (5)减压阀等失效导致高压串低压； (6)冷凝器等泄漏导致公用工程介质进入储罐内； (7)液位过高
		压力过低	(1)泄漏； (2)压力控制回路失效； (3)氮封失效； (4)环境温度骤降； (5)泵出料时放空阀失效
		液位过高	(1)液位控制回路失效； (2)人员误操作导致进料过多； (3)公用工程介质泄漏至储罐内； (4)上一批物料有残余
		液位过低	(1)液位控制回路失效； (2)泄漏； (3)人员操作失误，未及时加料
		浮盘内可燃气体浓度过高	(1)浮盘密封不严； (2)放空口堵塞

续表

序号	设备	偏差	偏差产生的原因
3	塔	温度过高	(1)进料温度过高； (2)回流失效； (3)温度控制回路失效； (4)填料堵塞； (5)物料中活性炭自燃
		温度过低	(1)进料温度过低； (2)温度控制回路失效； (3)回流过多； (4)再沸器热媒温度过低
		压力过高	(1)上游系统压力过高； (2)真空系统失效； (3)氮气通入过多； (4)公用工程介质泄漏至塔内； (5)填料堵塞
		差压过大	填料堵塞
		液位过高	(1)液位控制回路失效； (2)进料过多、出料过少； (3)公用工程介质泄漏至塔内
		液位过低	(1)进料过少、出料过多； (2)液位控制回路失效； (3)泄漏
		回流量过大	(1)流量控制回路失效； (2)人员操作失误，回路阀门开度过大
		回流量过小	(1)流量控制回路失效； (2)回流管线堵塞或阀门误关闭
4	换热器	物料出口温度过高	(1)温度控制回路失效； (2)冷却系统失效； (3)物料流速过快，未及时换热； (4)进料温度过高； (5)环境温度过高
		物料出口压力过高	(1)上游系统压力过高； (2)换热器内漏，公用工程介质进入物料中； (3)真空系统失效； (4)排空不畅

续表

序号	设备	偏差	偏差产生的原因
5	泵	出口压力过高	(1)入口压力过高； (2)介质含颗粒或伴热失效，导致出口管线堵塞； (3)止回阀卡死； (4)出口阀门开度过小
		出口压力过低	(1)入口不满管； (2)入口压力过低； (3)泵故障或停运； (4)出口阀门开度过大； (5)泄漏
		入口不满管	(1)上游阀门开度过小或卡堵； (2)泵前管线泄漏； (3)泵出口流量过大，进口未及时补充物料； (4)泵前管线堵塞
6	电机	温度过高	(1)超负荷运行； (2)环境温度过高； (3)风扇失效； (4)泵空转或憋压； (5)物料温度过高
		电流过大	(1)物料黏稠，造成搅拌卡堵； (2)轴承、减速机、轴弯损坏； (3)异物进入设备或管道内，导致卡堵
		电流过小	(1)联轴器断裂； (2)搅拌脱杆
		减速箱温度过高	(1)润滑系统失效或泄漏； (2)内部齿轮、轴承损坏
		机械密封温度过高	(1)冷却系统失效； (2)密封液泄漏； (3)机封内轴承损坏
		机械密封液位过低	(1)泄漏； (2)损耗
7	导热油炉	炉膛温度过高	(1)大火持续燃烧； (2)盘管击穿或渗漏，导热油在炉膛内燃烧； (3)人员误操作，温度控制回路设置值过高； (4)车间导热油消耗过少
		表面温度过高	(1)炉膛温度过高； (2)防火泥脱落

续表

序号	设备	偏差	偏差产生的原因
7	导热油炉	出口导热油温度过高	炉膛温度过高
		出口导热油温度过低	(1)燃烧器未正常运行； (2)燃气压力过低； (3)车间负荷过大； (4)导热油进炉量过大
		炉膛压力过高	(1)送风过多； (2)烟气出口堵塞； (3)人员误操作，氮气进入
		炉膛压力过低	未有效送风
		出口导热油压力过高	(1)进料压力过高； (2)后续管线堵塞或控制阀开度过小； (3)油温过低； (4)导热油过热沸腾汽化
		出口导热油压力过低	(1)进料压力过低； (2)后续阀门开度过大； (3)泄漏
		出口导热油流量过高	(1)出口控制阀门开度过大； (2)泄漏
		出口导热油流量过低	(1)出口控制阀开度过小； (2)泵故障或停运； (3)泵出口管道堵塞； (4)导热油总管来料过少
		炉膛氧含量过高	天然气过少，送风量过多
		炉膛氧含量过低	(1)天然气过多，送风量过少； (2)氮气管线误操作打开
		烟气再循环量过多	(1)再循环管线阀门开度过大； (2)通往烟囱气量过少
		烟气再循环量过少	再循环管线堵塞、阀门开度过小
8	锅炉汽包	压力过高	(1)蒸汽未及时排放； (2)锅炉烧干后补水大量汽化； (3)出蒸汽管线误关闭

续表

序号	设备	偏差	偏差产生的原因
8	锅炉汽包	液位过高	(1) 液位调节回路失效； (2) 给水阀门内漏； (3) 液位计虚假液位； (4) 操作人员离岗，并未对水位计进行监控
		液位过低	(1) 液位调节回路失效； (2) 水供应不足； (3) 液位计虚假液位； (4) 排污阀泄漏或忘关闭； (5) 操作人员离岗，并未对水位计进行监控； (6) 管道或设备破裂泄漏

HAZOP分析人员应注重整理常见设备的偏差，方便全面分析偏差形成的可能性。只有充分识别风险的初始事件，分析人员方可制定措施防止初始事件的发生。

HAZOP分析记录表中应详细描述设备名称、设备位号、仪表名称、仪表位号等，如"流量调节回路 FQIC - 101 失效导致反应釜 R101 进料过多"或"冷凝器 E - 101 内漏，循环水进入反应釜 R101 中"。

2.2.4 风险等级及措施

HAZOP分析小组根据偏差导致的后果，从人员伤亡、直接经济损失、停工、环境影响、声誉影响等方面分析其风险等级。值得注意的是，HAZOP记录人员应对分析出的后果进行详细的描述记录，如"可能造成 1 人眼睛永久性失明"或"可能引起火灾和爆炸，造成 1 ~ 2 人死亡；造成直接经济损失 300 万元；造成局部环境影响；造成全厂停工；造成国内影响"等，这样有利于 HAZOP 报告的后续审查和追溯。

HAZOP分析方法本身是用于风险识别，只需识别出风险点。但在实际工程应用中，仅识别出风险，没有分析应对措施是不完整的，因此 HAZOP 分析还需识别出现有的保护措施。某事故调查报告中提到"保护措施和建议措施与事故发生的初始事件不匹配"，所以分析人员应重视"保护措施"与"导致偏差的原因"的匹配对应关系。

在某些 HAZOP 分析会议中，HAZOP 分析组长刚提出偏差进行引导（如"反应釜 R101 压力过高"），小组成员就会有提出"压力不会过高，我们有压力控制回路"或"压力不会高，我们设置了安全阀"等异议，这是对 HAZOP 分析流程了解不够的表现。上述描述中"压力控制回路"和"安全阀"都是现有保护措施，它们都有一定的失效概率。若没有这些保护措施，事故发生的可能性会增高；设置保护措施则会降低事故发生的可能性。

表 2.10 是某项目 HAZOP 分析记录表的节选，表格中的"可能性"指的是在现有措施有效作用的前提下发生事故的可能性。

表 2.10　某项目 HAZOP 分析记录表（部分）

偏差	原因	后果	现有措施	可能性	类别	严重性	风险等级	建议措施
反应釜 R101 压力过高	（1）压力控制回路 PICA-101 失效；（2）R101 温度过高；（3）真空机组 V-101 系统失效；（4）放空堵塞；（5）氮气减压阀PCV-101 失效，氮封压力过高；（6）冷凝器 E-101 内漏，循环水进入 R101 中；（7）R101 夹套内漏，循环水或蒸汽进入 R101 中；（8）空气混入 R101 中	可能发生冲料，物料泄漏会引发火灾，造成人员受伤，短期内身体不适；直接经济损失 150 万元；1 套装置停工；环境区域影响；事故受到区域内关注	（1）每年对 PICA-101 控制回路进行测试；（2）R101 设置温度控制回路 TIC-101；（3）R101 设置压力变送器 PT-101，信号在 DCS 上指示报警，操作人员及时处理；（4）氮气进车间总管设置安全阀 PSV-101，当压力过高时泄压；（5）生产前进行气密性测试；（6）反应釜 R101 设置安全阀 PSV-102	2	人员	2	低	（1）SOP 中增补：冷凝器 E-101 每年打压测试一次；（2）SOP 中增补：每年进釜 R101 检查一次，并到期更换
					财产	4	低	
					停工	2	低	
					环境	3	低	
					声誉	3	低	

注：表 2.10 中偏差产生的 8 条原因合并在一起记录；在实际运用中建议分开记录，以便针对性地梳理现有措施和建议措施。

表 2.11 将风险划分为初始风险（没有任何保护措施时的风险）、剩余风险 1（现有措施保护下残余的风险）和剩余风险 2（现有措施和建议措施保护下残余的风险），通过增加保护措施降低事故发生的可能性，有利于更直观地了解 HAZOP 分析过程。

表 2.11　HAZOP 分析记录表（示例）

要素	偏差	原因	后果	初始风险				现有措施	剩余风险等级 1	建议措施	剩余风险等级 2	执行人
				类别	严重性	可能性	风险等级					
反应釜 R101	压力过高	（1）压力控制回路 PICA-101 失效； （2）R101 温度过高； （3）真空机组 V-101 系统失效； （4）放空堵塞； （5）氮气减压阀 PCV-101 失效，氮封压力过高； （6）冷凝器 E-101 内漏，循环水进入 R101 中； （7）R101 夹套内漏，循环水或蒸汽进入 R101 中； （8）空气混入 R101 中	可能发生冲料，物料泄漏，会引发火灾，造成人员受伤，短期内身体不适；直接经济损失 150 万元；1 套装置停工；环境区域影响；事故受到区域内关注	人员	2		低	（1）每年对 PICA-101 控制回路进行测试； （2）R101 设置温度控制回路 TIC-101； （3）R101 设置压力变送器 PT-101，信号在 DCS 上指示报警，操作人员及时处理； （4）氮气进车间总管设置安全阀 PSV-101，当压力过高时泄压； （5）生产前进行气密性测试； （6）反应釜 R101 设置安全阀 PSV-102	中	（1）SOP 中增补：冷凝器 E-101 每年打压测试一次； （2）SOP 中增补：每年进釜 R101 检查一次，并到期更换	低	工厂
					财产	4		中					
					停工	2	3	低					
					环境	3		中					
					声誉	3		中					

从表2.10和表2.11可以看出,通过对事故发生后果的可能性和严重性进行量化来决定偏差的风险等级,在一些场合并不容易被准确判断,尤其是在精细化工生产装置中。精细化工生产装置很多是配方式生产,新的生产工艺在经过小试、中试以后,并没有大规模生产的经验和数据,故HAZOP分析对反应放热情况就没有实际的生产经验和数据;对于一些蒸馏工艺,蒸馏釜物料被蒸干的风险并没有经过实验论证。

精细化工生产的主要安全风险来自工艺反应的热风险,反应工艺危险度评估是精细化工生产装置安全风险评估的重要评估内容。经过评估后,企业可以准确掌握精细化工生产的反应特性。

《精细化工反应安全风险评估导则(试行)》(安监总管三〔2017〕1号)中,将反应工艺危险度等级分为1~5级,反应危险性依次提高,5级的危险性最高,详见表2.12。

表2.12　反应工艺危险度等级

等　　级	后　　果
1	反应危险性较低
2	潜在分解风险
3	存在冲料和分解风险
4	冲料和分解风险较高,潜在爆炸风险
5	爆炸风险较高

针对不同的反应工艺危险度等级,企业应建立不同的风险控制措施:

(1)对于反应工艺危险度为1级的工艺过程,配置常规的自动化控制系统,对主要反应参数进行监控和调节。

(2)对于反应工艺危险度为2级的工艺过程,在配置常规的自动化控制系统,对主要反应参数进行监控和调节的基础上,还要设置必要的报警和联锁。对于可能超压的反应系统,应设置爆破片或安全阀等泄放设施。根据评估建议,设置相应的安全仪表系统。

(3)对于反应工艺危险度为3级的工艺过程,在配置常规的自动化控制系统,对主要反应参数进行监控和调节,设置必要的报警和联锁,设置爆破片或安全阀等泄放设施的基础上,还要设置紧急切断、紧急终止反应、紧急冷却降温等控制措施。根据评估建议,设置相应的安全仪表系统。

（4）对于反应工艺危险度为4级和5级的工艺过程，要优先开展工艺优化或改变工艺方法来降低风险，如通过微反应、连续流完成反应；要配置常规的自动化控制系统，对主要反应参数进行监控和调节，并设置必要的报警和联锁；要设置爆破片或安全阀等泄放设施；要设置紧急切断、紧急终止反应、紧急冷却降温等控制措施；还需要进行保护层分析，配置独立的安全仪表系统。

对于反应工艺危险度达到5级并必须实施产业化的项目，企业在设计时就应设置防爆墙将相关设备隔离在独立空间中，并设置完善的泄压泄爆设施，实现全面的自动化控制。除装置安全技术规程和岗位操作规程中对于进入隔离区有明确规定的，生产过程中人员不得进入隔离区内。

目前精细化工行业涉及重点监管危险工艺和格氏反应，需根据监管文件要求进行反应风险评估。随着企业自建实验室和第三方专业实验室的增多，反应风险评估将会应用到更多工艺过程中。

2.2.5 分析汇总

对于工艺流程较长的生产装置，其HAZOP分析记录表有数百页，为了突出重点，分析汇总人员可将初始风险等级为中风险及以上的偏差汇总，如表2.13所示。

表2.13 中风险及以上等级偏差汇总（示例）

序号	偏差	后果	风险等级	HAZOP分析记录表中位置
1	反应釜R101压力过高	可能发生冲料，物料泄漏会引发火灾，造成人员受伤，短期内身体不适；直接经济损失150万元；1套装置停工；环境区域影响；事故受到区域内关注	中	序号1.1
2	活性炭料斗V-101压力过高	活性炭会发生泄漏，若粉尘大面积泄漏后可能造成爆炸，造成1~2人死亡或重伤；直接经济损失600万元；1套装置停工；区域环境影响；国内媒体报道	高	序号2.5
3	反应釜R102物料比例错误	影响产品质量，导致客户投诉，造成经济损失250万元	中	序号4.6

同时，建议措施可按工艺、设备、自控、日常管理、操作规程等方面分

类汇总,示例见表2.14。评判一个 HAZOP 分析报告的质量,最重要的指标之一是"是否充分辨识装置潜在的风险因素"。某些项目声称"经过 HAZOP 分析,提出 100 多条建议措施",并以此作为宣传点,这并不妥当。换个角度来看,该项目声称的内容可以被理解为"原有设计或者管理不完善、漏洞过多"。

表2.14 HAZOP 建议措施汇总(示例)

序号	类别	建议措施	HAZOP 分析记录表中位置	执行人	整改期限
1	工艺/设备	反应釜 R101 氮气管线增设止回阀	序号1.4	设计院	即日起 1 个月内完成
2	SOP	反应釜 R102 开车检查表中增加盲板检查	序号4.3	工厂	即日起 15 天内完成
3	自动化	在 V101 氮气减压阀 PSV - 101 后增加压力开关,信号送至 DCS 上指示报警	序号6.2	工厂	即日起 2 个月内完成,在整改期间需增加监管措施

针对 HAZOP 分析提出的建议措施,企业根据初始事件的风险等级制订相应的整改计划,并需对整改情况进行后续跟踪,是对 HAZOP 分析工作的闭环。近年来,一些化工园区的监管部门,在对企业进行安全检查时增加了"HAZOP 分析建议措施落实情况"项,这说明政府监管部门也充分肯定了 HAZOP 分析在安全管理中的重要地位。

2.3 HAZOP 分析软件

HAZOP 分析记录表可以使用 Word、Excel 等文字处理工具,也可以借助专业的 HAZOP 分析软件。HAZOP 分析软件可以实现内置偏差设置、偏差原因参考、计算风险等级、导出报表、汇总建议措施、汇总中级以上风险等功能,方便提升分析会议的效率。

图 2.3 展示的是歌略 RiskCloud 软件 HAZOP 分析模块。

当然 HAZOP 分析软件只是辅助工具,不能代替 HAZOP 分析小组成员对工艺装置、安全管理的理解,所以 HAZOP 分析还应以人工为主、软件为辅。

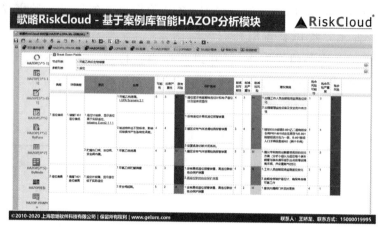

图 2.3　歌略 RiskCloud 软件 HAZOP 模块

2.4　HAZOP 分析报告组成

目前,《危险与可操作性分析(HAZOP 分析)应用导则》(AQ/T 3049—2013)
附录 A 中对 HAZOP 分析报告的编制提出了 7 条概述性的要求。团体标准《危险
与可操作性分析质量控制与审查导则》(T/CCSAS 001—2018)中进行了详细描述。

一份完整的 HAZOP 分析报告应包括但不限于如下内容:

第一章 概述

1.1 术语、定义、缩略语

1.2 项目背景

1.3 HAZOP 分析范围

1.4 HAZOP 分析的依据

包括标准规范、业主提供的资料等;列出所有图纸或文件的编号、图名称、版本号。

第二章 HAZOP 方法简介

包括 HAZOP 分析概念、目的、步骤、引导词及常用工艺参数、原则、优点、局限性等,
以及 HAZOP 分析小组的组成要求、职责。

第三章 工艺说明

可包括工艺流程说明、操作流程、危险因素辨识情况等。

第四章 本项目 HAZOP 分析过程

4.1 HAZOP 分析小组组成

4.2 HAZOP 会议前准备

4.3 节点的划分

4.4 HAZOP 分析用风险矩阵

4.5 分析进度记录

第五章 分析汇总

包括建议措施汇总、中风险及以上偏差汇总。

附件

附件 A HAZOP 分析记录表

附件 B 带节点划分的工艺管道仪表流程图 P&ID

附件 C 同类型装置事故案例

附录 D MSDS

附录 E 其他

2.5 小 结

HAZOP 分析可以有效地辨识生产装置在设计中存在的不足，并能从设计、使用、审查等多方面、多角度给出完善的建议措施。HAZOP 分析的过程更像是重新审视一遍项目，用安全风险分析的方法识别工艺生产流程的风险点。HAZOP 分析报告是多专业、多部门、多单位人员思想碰撞和融合的结晶。

HAZOP 分析是 SIL 定级的基础，在工程建设和安全管理中起到重要作用，并能有效地降低事故的发生。在完成 HAZOP 分析后，企业还需对其建议措施进行跟踪和回顾，确认 HAZOP 分析中达成一致的建议措施是否落实到位。

参考文献

[1] 国家安全生产监督管理总局. AQ/T 3049—2013 危险与可操作性分析（HAZOP 分析）应用导则[S]. 北京：煤炭工业出版社，2013.

[2] 中国石油化工股份有限公司青岛安全工程研究院. HAZOP 分析指南[M]. 北京：中国石化出版社，2008.

[3] 中国安全生产科学研究院. 安全生产专业实务——化工安全[M]. 北京：应急管理出版社，2019.

第3章 LOPA 分析

以往，SIS 设计更多关注安全型逻辑控制器的选择，如 SIS 技术规格书中会对控制系统的硬件和软件提出要求，因为缺乏 SIF 回路的概念，故对现场仪表及执行元件重视不够。

SIL 是针对具体 SIF 回路的，故需对每个 SIF 回路进行 SIL 定级。SIL 定级方法有保护层分析 LOPA（Layer Of Protection Analysis）、风险图（Risk Graph）、危险事件严重性矩阵（Hazardous Event Severity Matrix）等，其中 LOPA 在国内应用最为广泛。

本章重点介绍保护层分析 LOPA 的方法。

3.1　LOPA 简介

HAZOP 分析能够对偏差引发的后果进行风险定级，但无法确定事故发生的频率，以及现有保护措施是否能够满足要求。这就需要对风险等级较高（中风险及以上，低风险一般无须采取措施）的偏差进行进一步分析。

LOPA 是一种半定量的分析方法，是在 HAZOP 基础上进一步对具体场景的风险进行相对量化的评估，评估保护层的有效性、确定 SIF 回路的 SIL 等级、识别 SIF 回路的安全关键动作等，其主要目的是确定是否有足够的保护层来控制风险使其达到可接受的程度。

LOPA 分析可以和 HAZOP 分析合并为一次会议，由 HAZOP 组织单位及分析团队一起分析；也可以单独组织 LOPA 分析会议，组织单位可以是 HAZOP 分析单位，也可以是其他第三方单位。

对于在役装置，如不需要做 HAZOP 分析，只需要对联锁回路进行 SIL 定级时，可将 SIS 联锁逻辑图中联锁触发的原因作为场景开始分析。如"转换炉出口温度与炉膛压力二取一后联锁停车",其中一个 SIF 是"转换炉出口温度高联锁停车",另一个 SIF 是"转换炉炉膛压力高联锁停车",而不是把它作为一个 SIF 回路分析,因为不同偏差的原因可能不一样,安全措施也不同。

3.2 保护层模型

保护层模型又称洋葱模型。顾名思义,保护层是为工艺装置设置不同类型的安全防护措施,从而形成独立的多层保护体系,尽可能地避免因某一层失效而导致火灾、爆炸等事故发生。保护层的模型见图 3.1。

图 3.1 保护层模型

保护层模型共 7 层,分为过程控制(本质安全设计、基本过程控制系统BPCS)、事故防止(关键报警及人员干预、安全仪表系统 SIS)和事故减缓(物理防护、释放后的保护措施、工厂和周围社区的应急响应)三大类,用于防止事故的发生或蔓延。从内到外,保护层模型的 7 层内容分别是:

1. 本质安全设计

本质安全设计是从根本上消除工艺系统存在的危害,从设备选型上做到本质安全。例如,选择耐负压的储罐防止压力过低发生抽瘪事故,选择合适的泵型防止出口压力过高导致超压事故等。

2. 基本过程控制系统 BPCS

BPCS(Basic Process Control System)即 DCS、PLC 等控制系统的统称。BPCS 是根据生产工艺的需要而设置的，将工艺过程参数控制在设定范围内。

3. 关键报警及人员干预

操作人员须对 DCS、GDS 等报警做出正确的响应动作，防止不良后果的产生。比如在泵出口压力过高时，DCS 会发出报警信号，操作人员按照操作规程及时处理避免事故发生。

4. 安全仪表系统 SIS

当 BPCS 未能将生产过程参数控制在设定值范围内，而导致工艺参数到达安全联锁设定值时，安全仪表系统 SIS 可按照预先设计的逻辑运算，将装置带回到安全状态。

5. 物理防护

当 BPCS、关键报警及人员干预、SIS 均未能将生产过程置于安全状态时，装置便处于危险状态，此时爆破片、安全阀、放空阀等物理安全保护设施便会派上用场，进行危险削减。

6. 释放后的保护措施

这一保护层是用于事故发生后防止事故蔓延、降低事故后果严重性的措施，如罐区的防火堤、加氢反应间的抗爆墙、有毒气体泄漏处理系统、消防系统等。

7. 工厂和周围社区的应急响应

在火灾、爆炸等事故发生后，为了避免二次事故及更大范围的人员伤亡，工厂和周围社区需进行消防救援及人员疏散等事故应急措施。

3.3 LOPA 分析步骤

LOPA 分析步骤见图 3.2，虚框中工作不在 LOPA 范围内。

场景是指可能导致不期望后果的事件或系列事件，每个场景至少包括初始事件和对应后果两个因素，还可能包括使能事件或使能条件、点火概率、人员暴露概率、伤亡概率等。

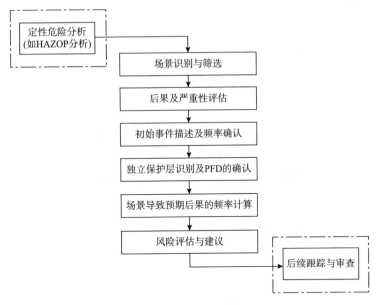

图 3.2　LOPA 分析流程

初始事件 IE（Initial Event）是指导致场景发生的原因。例如某场景"反应釜夹套蒸汽进料过多，导致温度升高，造成冲料"中初始事件为"DCS 温度控制回路失效，蒸汽阀门开度过大"，后果为"温度升高，造成冲料"。

每个场景对应有唯一的初始事件及其对应的后果。若在 HAZOP 分析时同一偏差引发的多个原因应作为不同的场景分别进行 LOPA 分析。例如反应釜温度过高，除了 DCS 温度控制回路失效外，还可能是"人工操作失误，放料过快"或"电机故障，停止搅拌"等原因造成的，它们属于不同的场景。

LOPA 分析内容有一部分是源自 HAZOP 分析报告，对应关系见表 3.1。确定 HAZOP 分析报告中的"现有措施"是否属于独立保护层，还需根据具体场景进行分析，并不是所有安全措施都是独立保护层。

表 3.1　LOPA 可与 HAZOP 共用的数据

LOPA 需要的信息	HAZOP 内的信息
初始事件	引起偏差的原因
后果描述	偏差导致的后果
后果严重性等级	后果严重性等级
独立保护层	现有保护措施

化工装置追求绝对安全是不现实的，只能尽可能地实现相对安全，即消除不可接受的风险。使用 LOPA 方法进行 SIL 定级，首先需要计算某场景在没有 SIS 保护层保护下后果发生的频率，然后和后果可接受频率进行对比，如果风险发生频率大于风险可接受的频率，则需要设置相应 SIL 级别的 SIF 回路，将风险降低到可接受范围内。

在低要求模式下，场景导致后果发生频率计算公式为：

$$f_i^C = f_i^I \times f_i^E \times P_{ig} \times P_{ex} \times P_d \times PFD_{i1} \times PFD_{i2} \times \cdots \times PFD_{ij} \qquad (3.1)$$

式中　f_i^C——初始事件 i 的后果 C 的发生频率，单位为/年；

f_i^I——初始事件 i 的发生频率，单位为/年；

f_i^E——使能事件或条件发生概率；

P_{ig}——点火概率；

P_{ex}——人员暴露概率；

P_d——人员受伤或死亡概率；

PFD_{ij}——初始事件 i 中第 j 个阻止后果 C 发生的 IPL 的要求时危险失效概率（Probability of dangerous Failure on Demand）。

对于有中毒事故发生的场景，则不需要考虑点火概率，式(3.1)变为：

$$f_i^C = f_i^I \times f_i^E \times P_{ex} \times P_d \times PFD_{i1} \times PFD_{i2} \times \cdots \times PFD_{ij} \qquad (3.2)$$

3.3.1　初始事件及频率

在 LOPA 分析中，人员操作失误、控制回路失效、公用工程失效、手动阀门失效等为常见的初始事件。AQ/T 3054—2015 附录 E 中给出了初始事件的典型频率值，见表 3.2。

表 3.2　部分初始事件的典型频率

序号	初始事件	频率范围/(/年)
1	垫片或填料失效	$10^{-2} \sim 10^{-6}$
2	冷却水失效	$1 \sim 10^{-2}$
3	泵密封失效	$10^{-1} \sim 10^{-2}$
4	BPCS 仪表控制回路失效	$1 \sim 10^{-2}$
5	操作员失效（执行常规程序，假设得到较好的培训、不紧张、不疲劳）	$(10^{-1} \sim 10^{-3})$/次

初始事件的发生与企业采购的设备质量、维护情况、运行环境等有很大的关

系，因此 AQ/T 3054—2015 给出的是频率范围。在应用到具体项目时，频率范围还需根据项目的实际情况进行细分：在有失效数据库时企业应优先选择企业数据库里的数据；若企业没有建立数据库，可以采用规范中推荐频率范围的中间值；企业也可选取频率最大值，这样在 SIL 定级时会得到一个保守的 SIL 等级；企业应避免为了降低 SIF 回路的 SIL 等级而选择过低的初始事件失效频率值。

安全心理学对操作人员的误操作做了很多研究。从以往事故发生的原因来看，人的不稳定因素占据了很大比例。操作人员的状态受到心情、工作环境、疲劳度、抗压能力、经验水平等诸多不可计算因素的影响，因此，选择操作人员失效的频率值应遵循就高不就低的原则。表 3.2 中操作人员的失效频率范围是 "$10^{-1} \sim 10^{-3}$"，一般选择 10^{-1}。

表 3.3 为某企业采用的部分初始事件的典型频率。

表3.3　某企业采用的部分典型初始事件频率

分类	初始事件	频率/(/年)
阀门	单向阀卡涩	1×10^{-2}
	单向阀内漏(严重)	1×10^{-5}
	垫圈或填料泄漏	1×10^{-2}
	安全阀误开或严重泄漏	1×10^{-2}
公用工程	冷却水(或冷冻水、循环水等公用工程)失效	1×10^{-2}
	仪表风失效	1×10^{-1}
	氮气(惰性气体)系统失效	1×10^{-1}
操作失误	无压力下的操作失误(常规操作)	1×10^{-1}
	有压力下的操作失误(开停车、报警)	1
机械故障	泵密封失效	1×10^{-1}
	透平驱动的压缩机停转	1
	冷却风扇或扇叶停转	1×10^{-1}
	电机驱动的泵或压缩机停转	1×10^{-1}
仪表	BPCS(基本过程控制系统)回路失效	1×10^{-1}

3.3.2　使能条件和修正因子

1. 使能条件

使能条件是初始事件在某个场景中的发生前提，可对场景导致的后果频率进行修正。例如某场景为"储罐区在倒罐过程中因人员操作失误，导致储罐冒顶发生泄漏，引发火灾"，使能条件为"倒罐作业"，因"倒罐作业"是间歇性操作，存在一定的操作频率。

大部分 LOPA 分析的场景中没有使能条件，需要使用使能条件的情况有：

（1）特定时间的操作：如间歇性的进料（如 1 个月进料 1 次，则使能条件概率为 0.083）、间歇性的反应釜操作（如 1 年生产 3 个月，则使能条件概率为 0.25）等；

（2）季节性的风险：如因保温伴热不当导致引压管堵塞，一般多发生在冬季（使能条件概率为 0.25）；

（3）生产过程的风险：如某个反应釜是先进行放热反应，后进行蒸馏操作，在放热反应过程中，当冷冻水系统失效则会导致温度飞升；而在蒸馏操作过程中，温度过高则需切断蒸汽，故冷冻水系统在蒸馏操作过程中失效是不会引起温度飞升的。根据放热反应和蒸馏操作的时间，企业可计算出使能条件概率。

2. 修正因子

修正因子是对场景引发影响后果（如人员伤亡、着火）的概率修正，包括点火概率、人员暴露概率、人员伤亡概率等。如上述的"储罐冒顶发生泄漏引发火灾"，需要考虑的是发生泄漏后点火的概率、巡检人员在场的概率、在场人员伤亡的概率等因素。

不同的场景根据场景类型、物料理化性质、工况等使用不同的修正因子，其取值范围见表 3.4。

表 3.4　修正因子

序号	因子	范围	保守值	推荐值
1	点火概率	0~1	1	0.5
2	人员暴露概率	0~1	1	0.5
3	人员伤亡概率	0~1	1	0.5

因修正因子对 SIL 定级结果有一定的影响，故企业可选择表 3.4 中修正因子的推荐值，通过使用修正因子使初始事件导致后果发生的频率下降一个数量级。人员暴露概率也可以根据企业实际情况进行计算。

当然，并不是所有场景导致后果发生的频率都要修正。如某场景为"反应器温度过高，导致催化剂失效，造成财产损失 500 万元"，这个后果发生的频率不需要使用点火概率、人员暴露概率、人员伤亡概率等修正因子进行修正。

3.3.3 独立保护层的判断

独立保护层 IPL(Independent Protection Layer) 是指能够有效防止事故发生且不受初始事件或其他保护层失效影响的设备、设施或某种功能。图 3.1 中的保护层在不同的场景中是否可以确定为独立保护层，是 LOPA 分析的重点之一。

独立保护层应同时需具备以下几个属性：

1. 保护层的有效性

若某保护措施为独立保护层，其必须能有效地防止该场景发生不期望的后果。如某场景为"反应釜内温度过高，造成副反应增加，影响产品质量，造成经济损失 100 万元"，那么 GDS 报警系统、安全阀、抗爆墙等对于这个场景而言均不是有效保护层；又如某场景"反应釜内温度飞升，造成釜内压力迅速升高，可能引起爆炸"，若反应釜内压力飞升极快，安全阀来不及动作，那么安全阀便不是这个场景有效的保护层。

关键报警与人员干预是否能成为有效的保护层，取决于过程安全时间 PST(Process Safety Time) 的设定和操作人员在压力下的处理能力。随着自动化控制系统的大范围应用，在 DCS 上增加信号报警不会额外提高成本，故 DCS 操作站上的报警信息越来越多、越来越频繁。过多的报警信息对操作人员毫无意义，甚至是一种严重干扰，导致报警信息经常被操作员盲目抑制，造成真正重要的报警极易被忽视。特别在工艺工况异常波动时，DCS 在短时间内即会发生报警泛滥，操作人员根本无力应对——仅靠个人的操作经验进行处置，时常因为重要报警被疏漏而导致事件转化为事故。

近年来，报警管理在大型装置的应用越来越普遍。LOPA 分析要分析关键报警所对应的过程安全时间 PST 是多少。若从 DCS 检测到工艺参数异常并发出报警到操作人员有效处理完的时间小于 PST，此保护层方可视为有效的保护层。

虽然保护层模型有工厂和周围社区的应急响应，但事故发生以后组织人员疏散、灭火、救援等措施有太多的不确定因素，并不一定能保证其有效性。因此，一般 LOPA 分析并不把工厂和周围社区的应急响应作为独立保护层。

2. 保护层的独立性

独立性的判断难点主要体现在 BPCS、关键报警和人员干预以及 SIS 三个保护层上，这也是 LOPA 分析会议中与会人员争议较多的地方。

在一些场景中，BPCS 的失效是事故发生的初始事件。例如在图 3.3 中，储罐设置液位 DCS 调节回路 LIC - 01、液位 DCS 报警回路 LIA - 02 和液位 DCS 联锁回路 LSA - 01。其中一个场景为"LV - 01 开度过大，导致液位过高，冒顶，可能引起火灾"，其初始事件为"LIC - 01 液位调节回路失效"。那么 LIA - 02 是否可以作为关键报警和人员干预保护层呢？LSA - 01 液位联锁回路是否可以作为基本过程控制系统 BPCS 保护层呢？

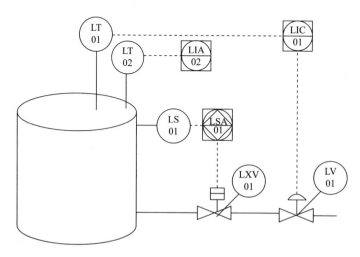

图 3.3　储罐 DCS 控制、报警、联锁(示例)

GB/T 32857—2016 中，对于同一套 DCS 的多个功能回路作为独立保护层有两种方法。

第一种方法是假设其中一个 DCS 回路失效，那么信号进入这套 DCS 的其他回路也均失效，如 DCS 系统受到电磁干扰或发生控制器死机、电源模块失效等极端情况，当然这些问题出现的概率并不高。这个假设的规则非常明确，对 SIL 定级的结果也相对保守。使用这种方法，图 3.3 中液位 DCS 报警回路 LIA - 02 和液位 DCS 联锁回路 LSA - 01 均不能作为"LIC - 01 控制回路失效导致液位过高"这一初始事件引发场景的独立保护层。

第二种方法是假设一个 DCS 回路失效是因现场仪表或控制阀故障导致的，如仪表显示偏低、取压管堵塞、零点漂移或者阀门卡堵、内漏等，而 DCS 仍能正常工作，因为 DCS 的运行环境、可靠性要高于现场仪表、控制阀。这种方法允许同一个 DCS 中有一个以上的独立保护层。使用这种方法，因为液位计 LT - 02、液位开关 LS - 01 及液位计 LT - 01 均为独立设置，LXV - 01 与 LV - 01 也是独立设置，当它们不与 LIC – 01 控制回路共用信号传输电缆、接线箱时，图 3.3 中液位 DCS 报警回路 LIA – 02 和液位 DCS 联锁回路 LSA – 01 则可以作为"LIC – 01 控制回路失效导致液位过高"这一初始事件引发场景的独立保护层。

使用第二种假设方法，当图 3.3 中某场景为"液位调节阀 LV – 01 卡堵，无法关闭，从而导致液位过高，可能引起火灾"，这时和 LV – 01 同处一个控制回路的 LT – 01 在 DCS 上的报警也可视为独立保护层。

如果初始事件不是 DCS 控制回路失效，在第一种假设中只有一个 DCS 控制回路可以作为独立保护层，而在第二种假设中允许同一场景中有不超过 2 个 DCS 控制回路可以作为独立保护层。

在实际 LOPA 分析过程中，笔者推荐采用第一种假设方法，即初始事件是 DCS 控制回路失效，则所有进入该 DCS 的回路均不能作为独立保护层；但当控制回路所在的 DCS 与初始事件的 DCS 完全独立设置时（检测仪表、控制阀、DCS 均独立），则可作为此初始事件引发场景的独立保护层，但这种情况并不多见。

某些在役装置中存在 DCS 控制和 SIS 联锁共用传感器单元的情况，见图 3.4 中的案例。储罐设置一个远传液位计，信号在机柜间的机柜内采用一进两出式安全栅或信号分配器一分为二——一路信号送给 DCS 进行调节，一路信号送给 SIS 进行联锁。当场景的初始事件为"DCS 液位控制回路 LIC – 01 失效"时，SIS 不能作为独立保护层，因为 SIS 联锁回路 LZS – 01 与初始事件中的 DCS 控制回路 LIC – 01 共用传感器（可能是液位计失效，从而导致 LIC – 01 和 LZS – 01 同时失效），故不能作为独立的保护层。

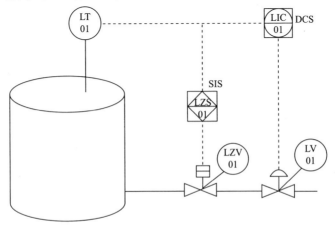

图 3.4　储罐 DCS 控制、SIS 联锁（共用传感器）

还有一些设计中，DCS 控制和 SIS 联锁共用执行元件，即在调节阀的气源管线上设置电磁阀，SIS 控制电磁阀，DCS 控制阀门定位器，见图 3.5 的案例。若控制阀 LV - 01 阀体或执行机构失效，会同时造成 DCS 控制回路 LIC - 01 和 SIS 联锁回路 LZS - 01 的失效。此时，SIS 也不能作为初始事件为"控制回路 LIC - 01 失效"引发场景的独立保护层。

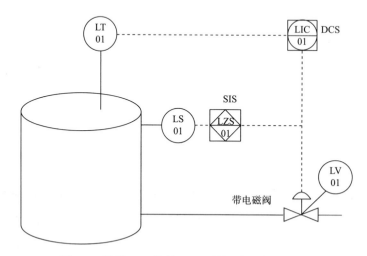

图 3.5   储罐 DCS 控制、SIS 联锁(共用执行单元)

3. 可审查性

保护层必须能经审查，如审查其设计、安装、运行、维护等，以确认其能够按照设计阻止场景发生不期望的后果。

3.3.4   独立保护层 *PFD* 值选取

每一种保护层都有一定的失效概率(如安全阀需要动作时没有动作)，独立保护层的 *PFD* 值对 SIL 定级结果有很大的影响。

GB/T 32857—2016 表 A.8 中给出了典型独立保护层 *PFD* 值的推荐范围(见表 3.5)，这些值来自文献和工业数据。具体项目在做 LOPA 分析前，需明确各独立保护层的 *PFD* 值。某企业选择的独立保护层 *PFD* 值见表 3.5 中的"某企业选用 *PFD* 值"一列。

表3.5　独立保护层 *PFD* 值

序号	独立保护层 IPL		*PFD* 范围	某企业选用 *PFD* 值
1	本质安全设计		$1 \times 10^{-6} \sim 1 \times 10^{-1}$	1×10^{-3}
2	基本过程控制系统(BPCS)		$1 \times 10^{-1} \sim 1$	1×10^{-1}
3	关键报警和人员干预	人员行动,有 10min 的响应时间	$1 \times 10^{-1} \sim 1$	1
		人员对 BPCS 指示或报警的响应,有 40min 的响应时间	1×10^{-1}	1×10^{-1}
		人员行动,有 40min 的响应时间	$1 \times 10^{-2} \sim 1 \times 10^{-1}$	1×10^{-2}
4	SIS	SIL 1 回路	$1 \times 10^{-2} \sim 1 \times 10^{-1}$	$< 1 \times 10^{-1}$
		SIL 2 回路	$1 \times 10^{-3} \sim 1 \times 10^{-2}$	$< 1 \times 10^{-2}$
		SIL 3 回路	$1 \times 10^{-4} \sim 1 \times 10^{-3}$	$< 1 \times 10^{-3}$
5	物理保护	安全阀	$1 \times 10^{-5} \sim 1 \times 10^{-1}$	见表3.6
		爆破片	$1 \times 10^{-5} \sim 1 \times 10^{-1}$	1×10^{-2}
6	释放后的保护措施	防火堤	$1 \times 10^{-3} \sim 1 \times 10^{-2}$	1×10^{-2}
		地下排污系统	$1 \times 10^{-3} \sim 1 \times 10^{-2}$	1×10^{-2}
		开式通风口	$1 \times 10^{-3} \sim 1 \times 10^{-2}$	1×10^{-2}
		耐火材料	$1 \times 10^{-3} \sim 1 \times 10^{-2}$	1×10^{-2}
		防爆墙(舱)	$1 \times 10^{-3} \sim 1 \times 10^{-2}$	1×10^{-2}

对于 *PFD* 值范围过大的独立保护层,如安全阀的 *PFD* 为 $1 \times 10^{-5} \sim 1 \times 10^{-1}$,实际应用中可根据具体情况进行细分。例如表3.6便是根据实际工况选择合适的 *PFD* 值参与计算。

表3.6　某企业安全阀的 *PFD* 值

序号	配置	工况	*PFD* 范围	某企业选用 *PFD* 值
1	安全阀	堵塞工况、无吹扫	$1 \times 10^{-1} \sim 1 \times 10^{-5}$	1
2	安全阀和爆破片组合	堵塞工况、无吹扫		1×10^{-1}
3	安全阀	清洁工况,堵塞工况但有吹扫		1×10^{-2}
4	冗余安全阀	堵塞工况、无吹扫		1
5	冗余安全阀和爆破片组合	堵塞工况、无吹扫		1×10^{-2}
6	冗余安全阀	清洁工况或堵塞工况、有吹扫		1×10^{-3}

3.3.5　可接受频率

对同一后果严重性等级的事故，若不同企业可接受事故发生的频率不一样，那么使用LOPA进行SIL定级就可能得出不一样的结果。

对于人员伤亡，不同国家的个人风险和社会风险可接受频率值存在差异。个人风险是指因危险化学品生产、储存装置各种潜在的火灾、爆炸、有毒气体泄漏等风险事故造成区域内某一个固定位置人员的个体死亡概率，即单位时间内（一年）的个体死亡率。为避免重大事故造成群死群伤、影响社会稳定，在个人可接受风险频率的基础上，我国引入了社会可接受风险频率。

我国执行的《危险化学品生产装置和储存设施风险基准》（GB 36894—2018）中，个人风险可接受频率见表3.7。化工企业逐步在往园区转移，化工园区的企业可参考低密度人员场所（三类防护目标）的个人可接受风险值。

表 3.7　个人风险可接受频率

防护目标	个人风险基准/（次/年）	
	危险化学品新建、改建、扩建生产装置和储存设施	危险化学品在役生产装置和储存设施
高敏感防护目标 重要防护目标 一般防护目标中的一类防护目标	$\leqslant 3 \times 10^{-7}$	$\leqslant 3 \times 10^{-6}$
一般防护目标中的二类防护目标	$\leqslant 3 \times 10^{-6}$	$\leqslant 1 \times 10^{-5}$
一般防护目标中的三类防护目标	$\leqslant 1 \times 10^{-5}$	$\leqslant 3 \times 10^{-5}$

社会可接受风险频率见图3.6。

图3.6中，死亡一人对应的社会可接受频率为1×10^{-5}/年，这个和表3.7相一致；死亡10人对应的社会可接受频率为1×10^{-6}，死亡100人对应的社会可接受频率为1×10^{-7}。图中将风险划分为不可接受、尽可能降低、可接受三种区域：

（1）不可接受区：对应高风险和重大风险区域。在这个区域内，除非特殊情况，否则风险是不可接受的。

（2）尽可能降低区：对应中风险区域，在这个区域内，必须满足以下条件之一时，风险才是可接受的：

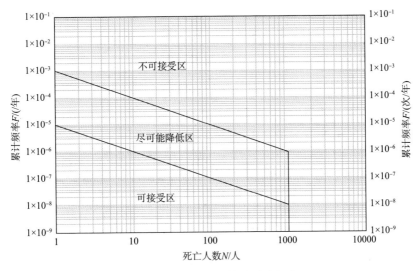

图 3.6　我国社会可接受风险频率

①在当前的技术条件下，进一步降低风险是不可行的；

②降低风险所需投入的成本远远大于降低风险所获得的收益。

(3)可接受区：对应低风险区域。在这个区域内，剩余风险水平是可忽略的，一般不要求进一步采取措施降低风险。

某企业采取第 2 章表 2.6 的 HAZOP 风险矩阵，根据表 3.7 和图 3.6 制订了可接受频率的风险矩阵，详见表 3.8。其中，后果严重性等级为 5 的事故发生频率在小于 1×10^{-5} 时是可以接受的，事故发生频率在 $1 \times 10^{-5} \sim 1 \times 10^{-4}$ 时是需要尽可能降低的，事故发生频率大于 1×10^{-4} 时是不可接受的。

表 3.8　企业可接受频率——风险矩阵(示例)

严重性	可接受的频率/(/年)				
	$10^{-6} \sim 10^{-5}$	$10^{-5} \sim 10^{-4}$	$10^{-4} \sim 10^{-3}$	$10^{-2} \sim 10^{-1}$	$10^{-1} \sim 1$
0	低	低	低	低	低
1	低	低	低	低	低
2	低	低	低	低	中
3	低	低	中	中	高
4	低	低	中	高	重大
5	低	中	高	重大	重大

各企业可能对人员伤亡、财产损失、环境影响、声誉影响的可接受程度不

同，故可以根据法律法规及企业自身的接受程度分别制定企业自身的关于人员、财产、环境、声誉等方面的风险矩阵，但不应低于法规的最低要求。

企业也可以采用数值风险法，分别制定对人员伤亡、直接经济损失、停工、环境影响、声誉影响等每年可以接受的发生频率。不同类别的后果可接受的频率可能不一样，如表3.9所示。

表3.9　企业可接受的频率——数值风险法(示例)

严重性	最大可接受的频率/(/年)				
	人员伤亡	直接经济损失	停工	环境影响	声誉影响
0	1	1	1	1	1
1	1×10^{-1}	1×10^{-1}	1×10^{-1}	1×10^{-1}	1×10^{-1}
2	1×10^{-2}	1×10^{-2}	1×10^{-2}	1×10^{-2}	1×10^{-2}
3	1×10^{-4}	1×10^{-3}	1×10^{-3}	1×10^{-4}	1×10^{-4}
4	1×10^{-5}	1×10^{-4}	1×10^{-4}	1×10^{-5}	1×10^{-5}
5	1×10^{-6}	1×10^{-5}	1×10^{-5}	1×10^{-6}	1×10^{-6}

3.3.6　SIL等级的确定

LOPA方法用于SIL定级时，先计算场景除SIS外在其他独立保护层保护下场景导致事故发生的频率，并与企业可接受的事故发生频率对比。若比企业可接受的频率小，则不需要增设SIF回路(SIL0)；若比企业可接受的频率大，则需增设相应SIL等级要求的SIF回路作为独立保护层，并对SIF回路的构成给出建议措施。

表3.10是LOPA分析记录表的示例，除SIS外在其他保护层保护下场景1导致人员伤亡事故发生的频率为3.125×10^{-4}/年，人员伤亡后果严重性等级为5级，企业可接受的频率为1×10^{-6}/年，差距为3.2×10^{-3}/年，则需增设一个SIL2等级的SIF回路作为独立的保护层。

同理，企业可分别计算直接经济损失、停工、环境影响和声誉影响在没有SIS保护层保护下，事故发生频率与企业可接受频率之间的差值，并确定是否需要增设SIF回路及如需增设SIF回路的SIL等级。如从环境影响角度来看，场景1中需增设一个SIL1等级(频率差值为8×10^{-2})的SIF回路。

表3.10 LOPA分析记录表（示例）

序号	场景	后果类别	等级	初始事件描述	初始事件频率 f_i^I(/年)	使能必要条件描述	使能必要条件频率 f_i^E(/年)	点火概率 P_{ig}	人员暴露概率 P_{ex}	伤亡概率 P_d	独立保护层（不含SIS）描述	PFD_{ij}	后果发生频率/(/年)	后果可接受频率 F_a	SIF回路PFD要求	SIL需求	需要的SIF描述（安全关键动作）
1	蒸汽进料量过大，导致R101反应过快，导致冲料，可能引起火灾	人员	5	蒸汽调节回路TIC-101故障	1×10^{-1}	R101每年生产3个月	0.25	0.5	0.5	0.5	安全阀（堵塞工况，无吹扫）	1×10^{-1}	3.125×10^{-4}	1×10^{-6}	3.2×10^{-3}	SIL2	当温度TT-01过高时，联锁关闭蒸汽进、出口阀XZV-01、XZV-02（2oo2），打开冷冻水进、出口阀门XZV-03、XZV-04（2oo2），执行单元整体2oo2
		经济	4					0.5	—	—			1.25×10^{-3}	1×10^{-4}			
		停工	4					0.5	—	—			1.25×10^{-3}	1×10^{-4}			
		环境	3					0.5	—	0.5			1.25×10^{-3}	1×10^{-4}			
		声誉	4					0.5	0.5	0.5			3.125×10^{-4}	1×10^{-5}			
2	反应过程中搅拌停止，导致R101反应过快，导致冲料，可能引起火灾	人员	5	搅拌电机M-101故障	1×10^{-1}	R101每年生产3个月	0.25	0.5	0.5	0.5	(1)DCS温度控制回路TIC-101；(2)安全阀（堵塞工况，无吹扫）	1×10^{-2}	3.125×10^{-5}	1×10^{-6}	3.2×10^{-2}	SIL1	当温度TT-01过高时，联锁关闭蒸汽进、出口阀XZV-01、XZV-02（2oo2），打开冷冻水进、出口阀门XZV-03、XZV-04（2oo2），执行单元整体2oo2
		经济	4					0.5	—	—			1.25×10^{-4}	1×10^{-4}			
		停工	4					0.5	—	—			1.25×10^{-4}	1×10^{-4}			
		环境	3					0.5	—	0.5			1.25×10^{-4}	1×10^{-4}			
		声誉	4					0.5	0.5	0.5			3.125×10^{-5}	1×10^{-5}			

最后选择不同事故后果类别中最高的 SIL 要求，作为此场景 SIS 保护层的 SIL 等级。场景 1 中 SIF 回路 *PFD* 的最大值要求为 3.2×10^{-3}，其对应的 SIL 等级是 SIL2，故场景 1 的 SIF 回路定级结果为 SIL2。

在做 LOPA 分析时，可能会有多个场景导致同样后果的情况，对应着 HAZOP 分析中有多种原因导致同一个偏差。如表 3.10 中的案例，场景 1"蒸汽进料量过大，导致 R101 反应过快，导致冲料，可能引起火灾"和场景 2"反应过程中搅拌停止，导致 R101 反应过快，导致冲料，可能引起火灾"。

不同场景的初始事件、初始发生概率、修正因子可能不一样，对应的独立保护层也可能不一样，故每个场景需要进行单独分析。当计算出不同场景需要不同 SIL 等级的 SIF 回路时，可取同一偏差下不同场景安全完整性要求最高的值，作为此偏差所需 SIF 回路的 SIL。表 3.10 中场景 1 需要 SIL2 等级的 SIF 回路，场景 2 需要 SIL1 等级的 SIF 回路，故 R101 温度过高的 SIS 联锁回路 SIL 等级为 SIL2。

LOPA 分析每次只针对一个特定的场景进行分析，不能反映各种场景之间的互相影响关系。企业如果将导致同样后果的各场景在没有 SIS 保护层保护下的频率求和，再与企业可接受概率对比，那么可能会得到一个较高 SIL 等级要求的 SIF 回路。

在多场景计算中，有的企业采取单个场景独立计算，然后选取最高 SIL 要求的场景结果作为 SIF 回路的 SIL 等级要求；有的企业则将各个场景的后果发生频率相加，然后与企业可接受的事故发生频率进行对比，再计算出 SIF 回路的 *PFD* 值，从而得出 SIF 回路的 SIL 等级。这两种方法在会议前由分析小组确定后，在整个项目中保持一致即可。

LOPA 是一个简化的工程应用方法，里面有很多人为定性分析的因素。如初始事件频率、独立保护层的 *PFD*、修正因子等数值的选择，这些都会影响 SIL 定级的结果。每个模型都基于假设条件，若尝试使用 LOPA 分析方法来"精准"计算事故发生的频率是不太现实的——不仅要收集初始事件、独立保护层的实际失效概率，还要考虑在开停车、检修等过程中的修正因子，同时独立保护层之间还是存在一定的共因失效概率。因此，追求 LOPA 计算频率结果的"准确与否"意义不大。

实际工程应用中应尽量避免出现 SIL3 的 SIF 回路。当出现不考虑 SIS 保护层的情况时，事故发生的频率与企业可接受频率差值过大时，企业应从工艺、安全等角度重新审视其他保护层是否完整、有效。同时，企业也不能通过提高 SIL 等级来替代其他独立保护层的作用，如通过提高压力容器的压力联锁回路 SIL 等级来取消安全阀是不可取的。安全阀、爆破片、GDS、抗爆墙、防火堤等在不同场合是安全法规、监管文件、标准规范的强制要求，应在满足上述要求后再考虑 SIF 回路的 SIL 等级。

行业内还存在如下一些现实问题。有些工艺过程虽然归类在危险工艺范畴内，但其反应过程较为温和，并不会剧烈放热或压力飞升，后果严重性等级较低；有些构成一、二级重大危险源的罐区因为操作为间歇性，在 DCS、GDS、防火堤等独立保护层的保护下每年事故发生的频率在企业可接受范围内。有些企业为了避免现场改造、减少投资、损失工时，想通过 LOPA 分析将 SIF 回路的 SIL 定级为 SIL0，这样联锁功能可在 DCS 上实现。然而，监管文件中明确要求：涉及重点监管危险工艺及一、二级重大危险源的项目在安全评估的基础上须设置独立的 SIS。对于上述情况，设计人员首先应满足监管文件的要求在工艺中设置安全仪表系统，然后再去分析 SIF 回路的 SIL 等级。还有些在役装置在补做了 LOPA 分析后，根据分析结果不需要设置 SIS，但实际已经在 SIS 中设置了 SIF 回路。针对以上几种情况，SIL 定级结果定为 SIL1 是不合适的，但是定为 SIL0 亦不可。LOPA 分析方法中没有介于 SIL0 和 SIL1 之间的安全完整性等级，为了解决工程应用中的问题，IEC 61508 – 5 中风险图分析方法的 SILA 可供借鉴，见图 3.7。SILA 表示安全仪表功能在 SIS 内实现，但是对其 SIF 回路的 PFD 无要求（无须做 SIL 验证）。

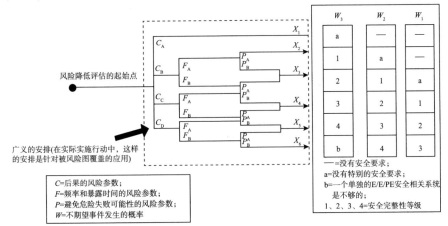

图 3.7　风险图方法

在 LOPA 分析报告中要对所有 SIF 回路的定级结果做一个汇总，如表 3.11 所示。

表 3.11　SIL 定级结果汇总(示例)

序号	SIF 编号	SIF 名称	SIF 描述	SIL 等级
1	SIF – 101	R101 温度过高联锁回路	当反应釜 R101 温度 TT – 01 过高时，联锁关闭蒸汽进口、出口阀门 XZV – 01、XZV – 02(2oo2)，打开冷冻水进、出口阀门 XZV – 03、XZV – 04(2oo2)——安全关键动作，执行元件子单元整体 2oo2，SIL1；打开紧急放空阀 XZV – 05 (SILA)	SIL1
2	SIF – 102	R102 压力过高联锁回路	当反应釜 R102 压力 PT – 02 过高时，联锁关闭氢气进料阀 XZV – 06(1oo1)，打开紧急放空阀 XZV – 07(1oo1)——安全关键动作，执行元件子单元整体 2oo2，SIL2；关闭蒸汽进、出口阀 XZV – 08、XVZ – 09，打开冷冻水进、出口阀门 XZV – 10、XZV – 11(SILA)	SIL2
3	SIF – 103	V101 液位过高联锁回路	当储罐 V101 液位 LT – 01 过高时，联锁关闭进料切断阀 XZV – 12(SILA)	SILA
4	SIF – 104	V102 液位过高联锁回路	—	SIL0

3.3.7　SIF 联锁动作的确定

SIF 回路的联锁动作可以从以下几个方面确定。

1. 工艺包

在一些炼油或大型化工生产装置的工艺包中，通常会有 SIS 联锁描述、联锁逻辑图或因果表等文件给出相关的联锁要求。

2. 安全法规文件

涉及重点监管危险的工艺(如加氢、电解、氯化等)，可参考政府安全管理文件的要求，如《国家安全监管总局关于公布首批重点监管的危险化工工艺目录的通知》(安监总管三〔2009〕116 号)、《第二批重点监管危险化工工艺目录和调整首批重点监管危险化工工艺中部分典型工艺》(安监总管三〔2013〕3 号)等文件。

3. HAZOP 分析报告

HAZOP 的建议措施中会涉及安全联锁部分，这部分内容可作为 SIL 定级时确定 SIF 回路执行什么样的安全功能的依据。

4. 工程经验

对于一些典型设备的联锁，如罐区、燃烧器、压缩机、反应器等，可根据工程经验确定 SIF 回路的联锁要求。

3.3.8　安全关键动作

安全联锁动作中能够直接、有效地阻止特定场景不利后果发生的某个或者一系列动作称为安全关键动作。安全关键动作需根据特定场景进行辨识，由工艺专业完成。

以图 3.8 为例，反应釜 R101 温度 TZT - 101 高高或者压力 PZT - 101 高高时，联锁关闭夹套蒸汽进、出口切断阀 XZV - 101、XZV - 102，打开夹套冷冻水进、出口切断阀 XZV - 103、XZV - 104，关闭氢气进料切断阀 XZV - 105，打开排空切断阀 XZV - 106。

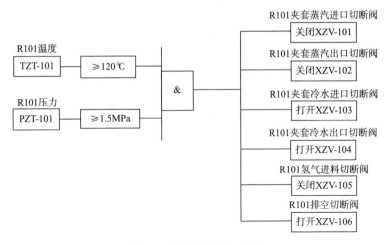

图 3.8　联锁逻辑图(示例)

从工艺角度来看，切断反应釜夹套蒸汽进、出口切断阀，打开夹套冷冻水进、出口切断阀即可控制反应釜的温度，故 R101 的温度联锁回路的安全关键动作是"关闭蒸汽夹套进口切断阀 XZV - 101、出口切断阀 XZV - 102，打开夹套冷冻水进、出口切断阀 XZV - 103、XZV - 104"；当切断氢气进料、打开排空切断阀后，反应釜的压力就不会再上升，故 R101 的压力联锁回路的安全关键动作是"关闭氢气进料切断阀 XZV - 105，打开排空切断阀 XZV - 106"。

对于连续化生产装置，一个偏差可能引起一连串联锁动作。例如，制氢装置中转换炉出口温度高时，要联锁关闭循环氢气压缩机，关闭 PSA，切断转换炉燃料气、原料气、解析气，切断转换炉锅炉给水，切断进装置天然气，停鼓引风机，等等。联锁动作一连串，因此 LOPA 分析应明确辨识并标明安全关键动作。

SIL 定级结果针对的是安全关键动作。某 SIF 回路的非安全关键动作(或安全辅助动作)也需要在 SIS 中实现(这部分 SIL 等级为 SILA)，SIF 回路 SIL 验证时执行元件子单元中只考虑安全关键动作。

3.4 LOPA 分析软件

LOPA 分析记录表可使用 Word、Excel 等文字处理工具，也可以借助专业的 LOPA 分析软件。LOPA 分析软件可以减少计算的工作量和错误，提高工作效率，同时能够实现导出报表、汇总 SIF 回路等功能。

图 3.9 展示的是歌略 RiskCloud 软件 LOPA 分析模块。

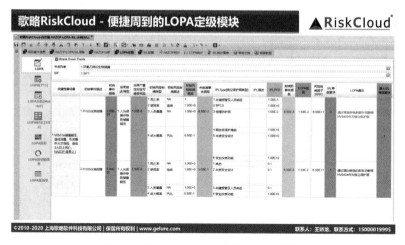

图 3.9 歌略 RiskCloud 软件 LOPA 模块

3.5 LOPA 报告组成

一份完整的 LOPA 分析报告包括但不限于以下内容：

第一章 概述

1.1 术语、定义、缩略语

1.2 项目背景

1.3 LOPA 分析范围

1.4 LOPA 分析的依据

包括标准规范、业主提供的资料等；列出所有图纸或文件的编号、图名称、版本号。

第二章 LOPA 方法简介

包括 LOPA 分析概念、目的、步骤、引导词及常用工艺参数、原则、优点、局限性等，以及 LOPA 分析小组的组成要求、职责。

第三章 联锁说明

可描述联锁逻辑图各联锁回路，包括工艺说明。

第四章 本项目 LOPA 分析过程

4.1 分析进度记录

4.2 初始事件频率选择

4.3 独立保护层 PFD 选择

4.4 企业可接受频率

第五章 分析汇总

包括 SIL 定级结果汇总、建议措施汇总。

附件

附件 A LOPA 分析记录表

附件 B 联锁逻辑图

附录 C 其他

3.6 小 结

LOPA 采用量化的方式，建立保护层模型去评估 SIL，相比定性分析仅凭着对装置危险度的直觉进行判断，看起来更"科学"。

尽管 LOPA 分析存在一些主观人为因素等应用局限性，但是通过 LOPA 分析，企业相关人员能够清楚、正确地认识到某场景下哪些保护层能够有效地防止事故的发生和蔓延，以及这些安全措施是否可以将事故发生的概率控制在企业能够接受的范围之内。这两点比最终 SIF 定为 SIL1 还是 SIL2 对企业的安全管理来说更有意义。

参考文献

[1]白永忠，韩中枢，党文义，等．AQ/T 3054—2015 保护层分析（LOPA）方法应用导则[S]．北京：煤炭工业出版社，2015.

[2]黄步余，叶向东，范宗海，等．GB/T 50770—2013 石油化工安全仪表系统设计规范[S]．北京：中国计划出版社，2013.

[3]阳宪惠，郭海涛．安全仪表系统的功能安全[M]．北京：清华大学出版社，2007.

[4]孟邹清，肖松青，俞文光，等．GB/T 32857—2016 保护层分析（LOPA）应用指南[S]．北京：中国计划出版社，2017.

[5]冯晓升．功能安全基本概念的建立[J]．仪器仪表标准化与计量，2007，1：7－9.

[6]李效亚．风险可接受标准的确定[J]．仪器仪表标准化与计量，2017，1：23－29.

[7]史学玲，熊文泽，靳江红，等．GB/T 20438.5—2017 电气/电气/可编程电子安全相关系统的功能安全 第5部分：确定安全完整性等级的方法示例[S]．北京：中国标准出版社，2017.

[8]丁辉，靳江红，汪彤．控制系统的安全功能评估[M]．北京：化学工业出版社，2016.

[9]魏利军，王如君，多英全，等．GB 36894—2018 危险化学品生产装置和储存设施风险基准[S]．北京：中国标准出版社，2018.

[10]赵霄，范宗海．石油化工装置先进报警管理系统的设计探讨[J]．石油化工自动化，2017（53），1：45－50.

第4章 设备安全完整性

执行安全功能的设备存在一定的失效概率(也称故障概率),而失效可能会导致 SIF 回路不能执行预定的功能或误停车。设备失效分为随机硬件失效和系统性失效。

4.1 随机硬件失效

随机硬件失效是指硬件设备在长时间的使用过程中发生了一些故障,但发生的时间无法确定。硬件本身设计是正确的,但是在使用过程中受到如腐蚀、热应力、老化等物理因素影响而发生失效。

由随机硬件失效引起的失效概率可以从测试、历史数据等中获得,并可用合理的精度来量化。在后续章节中,*PFD* 计算针对的就是随机硬件失效概率。

4.1.1 失效模式

随机硬件失效分为安全失效、危险失效、无关失效和无影响失效,见图 4.1。

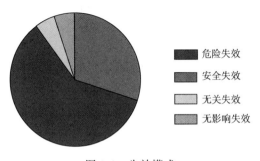

图 4.1 失效模式

危险失效是指设备故障拒动作导致无法执行安全功能回路的要求；安全失效是指设备故障导致安全功能的误动作从而触发联锁。

以安全型逻辑控制器为例：系统失电联锁，若 DO 卡件输出恒高(高电平，逻辑 1)，系统无法有效执行 SIF 回路的安全功能，则此失效为危险失效；若 DO 卡件输出恒低(低电平，逻辑 0)，系统将 SIF 回路带入安全状态，则此失效为安全失效。

无关失效是指不执行安全功能的元器件失效。例如，SIF 回路中压力变送器的 LCD 现场显示表头失效，不会影响压力变送器输出至 SIS 的信号，则此失效为无关失效。

无影响失效是指执行安全功能的某个组件失效但不直接影响安全功能，对安全功能的失效率没有直接贡献。例如，智能仪表的诊断电路故障不会直接影响安全功能的执行，故属于无影响失效。

4.1.2　失效数据

在计算失效概率时，因无关失效和无影响失效不影响设备的安全性和可靠性，故需要关注的是安全失效概率 λ_S(S 为 Safe 的缩写)和危险失效概率 λ_D(D 为 Dangerous 的缩写)。

失效率的单位是 FIT(菲特，Failures In Time)，1FIT 是指在 1×10^9h 内发生一次失效，故 $1\text{FIT} = 1 \times 10^{-9}$/h。

智能设备内部带自诊断功能，能够检测出部分失效，故失效率可分成检测出的(Detected)和未检测出的(Un - detected)的两部分。检测出的失效能够通过 HART 等协议上传至监控上位机，以便操作人员及时进行处理和修复。

安全失效和危险失效计算见式(4.1)和式(4.2)。

$$\lambda_S = \lambda_{SD} + \lambda_{SU} \tag{4.1}$$

$$\lambda_D = \lambda_{DD} + \lambda_{DU} \tag{4.2}$$

式中　λ_{SD}——检测出的安全失效概率，SD：Safe Detected；

λ_{SU}——未检测出的安全失效概率，SU：Safe Un - detected；

λ_{DD}——检测出的危险失效概率，DD：Dangerous Detected；

λ_{DU}——未检测出的危险失效概率，DU：Dangerous Un - detected。

4.1.3 失效模式、影响与诊断分析 FMEDA

设备可采用失效模式、影响与诊断分析 FMEDA(Failure Mode，Effect and Diagnostic Analysis)的方法获取其失效数据。

设备失效的过程往往是从单元器件的异常情况开始的，最终使设备失去执行某项功能的能力。FMEDA 从系统内所有部件的一个详细列表开始，一次一个部件地分析，确定哪种失效是安全失效，哪种失效是危险失效，从而分析出整个系统的失效模式和失效概率。其步骤为：

(1)定义假定条件与系统运行环境；

(2)针对系统的每一种运行模式，定义其系统失效的现象与表征；

(3)列出所有的元件，并针对每一个元件，列出所有已知的失效模式；

(4)针对每一个元件、失效模式，列出其成因以及对上层(子)设备的影响；

(5)列出影响的危害性和严重性；

(6)逐一列出所有元件对应失效模式下的失效率；

(7)结合电路原理图、布线图，分析各失效模式的在线可诊断性；

(8)结合影响分析和诊断性分析描述，对失效模式进行类别划分；

(9)依据划分结果进行统计与参数计算；

(10)基于统计结果判定设备的适用 SIL。

以某气动薄膜调节阀为例，应用 FMEDA 方法对其失效数据进行分析，一共识别出了 55 个失效模式，表 4.1 给出了其中的 12 个失效模式。从工业数据库中查找各元器件的失效数据，可计算出此气动薄膜调节阀失效概率。

表 4.1 气动薄膜调节阀 FMEDA 部分数据

序号	元件	失效模式	模式分配	失效原因	失效影响		安全和危险失效率的分割/(10^{-5}/h)			
					S	D	λ_S	λ_D	λ_{DU}	λ_{DD}
1	膜盖	膜盖破裂	0.1%	—	1.0	0.0	6.22	0.0	0.0	0.0
2	执行机构	压缩弹簧锈死	2%	腐蚀	0.0	1.0	0.0	1.24	0.04	1.2
3	执行机构	压缩弹簧变形	2%	额定值不符弹簧系数改变	0.5	0.5	0.62	0.62	0.02	0.6
4	执行机构	动作不到位、不稳定	2%	橡胶薄膜老化、龟裂	1.0	0.0	1.24	0.0	0.0	0.0

续表

序号	元件	失效模式	模式分配	失效原因	失效影响		安全和危险失效率的分割/(10^{-5}/h)			
					S	D	λ_S	λ_D	λ_{DU}	λ_{DD}
5	执行机构	动作迟钝	2%	膜片破损泄漏	1.0	0.0	1.24	0.0	0.0	0.0
6	弹簧座	弹簧座疲劳断裂	2%	材质因素、受交变载荷	1.0	0.0	1.24	0.0	0.0	0.0
7	支架	振动	2%	支撑不稳	0.8	0.2	0.99	0.25	0.05	0.2
8	推杆	动作不到位	2%	推杆弯曲、推杆施力不足	1.0	0.0	1.24	0.0	0.0	0.0
9	推杆	推杆行程不满量程	2%	推杆弯曲、推杆光洁度差、阀杆连接错误	0.8	0.2	0.99	0.25	0.05	0.2
10	推杆	推杆行程阻力大	2%	摩擦阻力大、推杆弯曲	0.8	0.2	0.99	0.25	0.05	0.2
11	推杆	推杆弯曲或折断	2%	工艺缺陷、材质因素	0.0	1.0	0.0	1.25	0.02	1.13
12	气室	气室泄漏	15%	连接件损坏、介质不洁	0.2	0.8	1.24	4.98	1.04	3.94

FMEDA 也有应用上的缺点，如所有的失效模式是否考虑全面、元器件失效数据的准确性等。

4.1.4 诊断覆盖率 DC

因 SIS 处于被动响应的状态，危险失效只有在 SIF 回路需要动作时才会暴露出来。为了提高设备的安全性需要对其故障进行在线诊断。

诊断是使用硬件、软件或其他方法确定系统或设备故障并查明其原因的过程，包括了发现故障、识别故障、确定故障位置的过程。诊断技术大致可分为参比诊断(如处理器中的看门狗电路)与对比诊断(如 1oo2D 结构的处理器之间比较程序)两种。这两种技术可单独使用，也可以结合使用以达到更好的诊断效果。

诊断覆盖率 DC(Diagnostic Coverage)分为危险失效诊断覆盖率 DC_D 和安全失效诊断覆盖率 DC_S，其中危险失效诊断覆盖率 DC_D 为检测出的危险失效率 λ_{DD} 与总危险失效率 λ_D 的比值：

$$DC_D = \frac{\lambda_{DD}}{\lambda_D} \qquad (4.3)$$

以罗斯蒙特3144P温度变送器为例，其安全功能认证证书见图4.2。

图4.2　温度变送器安全功能认证证书

图4.2揭示的3144P温度变送器失效数据见表4.2。

表4.2　3144P温度变送器的失效数据　　　　　　单位：FIT

失效类型	λ_{SD}	λ_{SU}	λ_{DD}	λ_{DU}	*SFF*
Low Trip	265	112	20	40	90.8%
High Trip	20	112	265	40	90.8%

注：Low Trip——温度变送器失效时输出低电流值；

　　High Trip——温度变送器失效时输出高电流值。

表4.2中的仪表在运用在温度低限联锁回路中的危险失效诊断覆盖率 $DC_D = \frac{20}{20+40} \approx 33.3\%$，运用在温度高限联锁回路中的危险失效诊断覆盖率 $DC_D = \frac{265}{265+40} \approx 86.9\%$。

仪表功能安全认证证书上可能会有多种失效模式（如电磁阀还区分励磁动作

和去磁动作等），需根据实际 SIF 回路的配置选择相应的失效数据。

诊断覆盖率表征了设备内部诊断的能力，这是设备安全性能的重要特征。使用参比诊断技术可以达到 0~99.9% 的诊断覆盖率；使用对比诊断技术可以达到 90%~99.9% 的诊断覆盖率。具体数值取决于诊断覆盖率的实现方案。

4.1.5　安全失效分数 SFF

安全失效分数 SFF（Safe Failure Fraction）是指安全失效率加上检测出的危险失效率与安全失效率加上危险失效率之比，计算公式如下：

$$SFF = \frac{\lambda_S + \lambda_{DD}}{\lambda_S + \lambda_D} \tag{4.4}$$

将表 4.2 中失效数据代入 SFF 计算公式，结果与证书上一致。

$$SFF = \frac{265 + 112 + 20}{265 + 112 + 20 + 40} = 90.8\%$$

为了提高 SFF，就必须提高检测出的危险失效率 λ_{DD} 在危险失效 λ_D 中的比例，即提高危险失效诊断覆盖率 DC_D。SFF 值越高，代表设备的安全性越高。

4.1.6　硬件故障裕度 HFT

硬件故障裕度 HFT（Hardware Fault Tolerance）是指在出现故障或错误的情况下，继续执行要求功能的能力。$HFT = N$ 的功能单元，当出现 $N+1$ 个故障时会导致安全功能的丧失。

HFT 分为容忍危险故障和容忍安全故障两种，在确定设备 SIL 等级和 SIF 回路 SIL 验证时考虑的是容忍危险故障。常用表决结构的硬件故障裕度见表 4.3。

表 4.3　常用的表决结构 HFT（容忍危险故障）

冗余结构	HFT	一次降级	二次降级	三次降级
1oo1	0	危险失效	—	—
1oo1D	0	危险失效	—	—
1oo2	1	1oo1	危险失效	—
1oo3	2	1oo2	1oo1	危险失效
1oo2D	1	1oo1D	危险失效	—
2oo2	0	危险失效	—	—
2oo3	1	2oo2	危险失效	—

注：MooN（M out of N）意为 N 取 M，如 2oo3 为三取二。

硬件故障裕度 HFT 不同于冗余，它表示硬件的降级使用能力，MooN 结构的 $HFT = (N - M)$。以处理器为例，1oo1D 结构的单块处理器的 $HFT = 0$，无法降级使用；1oo2D 冗余的处理器故障裕度为 1，可降一级使用，即其中的一块处理器损坏仍可执行其设定功能；2oo3 冗余的处理器故障裕度也为 1，当其中一块故障后，降级为 2oo2 结构（再发生一块处理器故障则系统输出故障）。

4.1.7　A 类和 B 类设备

IEC61508 中将设备类型分为 A 类和 B 类，并定义如下：

如果要实现安全功能的元器件满足下列全部条件，则组件可被视为 A 类：

(1) 所有组成元器件的失效模式都被明确定义；

(2) 故障状态下组件的行为能够完全确定；

(3) 有充足而可靠的失效数据，可显示出满足所声明的检测到的和未检测到的危险失效的失效率。

反之如果不满足上述条件，则组件应被视为 B 类。

可以简单地认为，带处理器的智能型仪表为 B 类，不带处理器的、机械式的简单仪表为 A 类。

A 类的组件有电磁阀、继电器、机械式阀门定位器、控制阀、安全栅、浪涌保护器、执行机构等；B 类的组件有温度变送器、压力变送器、流量计、雷达液位计、音叉开关、智能阀门定位器等设备。某个设备属于哪一类，具体可查看其对应的安全功能认证证书。

4.1.8　硬件安全完整性

硬件的安全完整性等级认证有两种方法，即路线 1_H（H 指硬件，Hardware）和路线 2_H。

路线 1_H 是指产品在设计、研发、制造、评价等过程中完全遵循 IEC61508 的要求进行，其安全完整性等级取决于硬件故障裕度和安全失效分数，主要针对新研发的产品；路线 2_H 是基于现场反馈的大量可靠性高的数据，并结合硬件故障裕度，遵循 IEC61508 的要求进行评估，主要针对成熟应用的产品（设计、研发等过程中并未执行 IEC61508 的要求）及不属于电气/电子/可编程电子安全相关系统范畴内的设备（如阀门、执行机构）等。

路线 1_H 中 A 类和 B 类设备执行安全功能时的最大允许安全完整性等级见表 4.4 和表 4.5。

表 4.4 A 类设备执行安全功能时的最大允许安全完整性等级

安全失效分数 SFF	硬件故障裕度 HFT		
	0	1	2
<60%	SIL1	SIL2	SIL3
60% ~ <90%	SIL2	SIL3	SIL4
90% ~ <99%	SIL3	SIL4	SIL4
≥99%	SIL3	SIL4	SIL4

表 4.5 B 类设备执行安全功能时的最大允许安全完整性等级

安全失效分数 SFF	硬件故障裕度 HFT		
	0	1	2
<60%	不允许	SIL1	SIL2
60% ~ <90%	SIL1	SIL2	SIL3
90% ~ <99%	SIL2	SIL3	SIL4
≥99%	SIL3	SIL4	SIL4

有一些产品并不适合采用路线 1_H 的方式进行认证，如某质量可靠的电磁阀，失效主要是未检测到的危险失效。按照式 4.4 的 SFF 计算方法，其安全失效分数 SFF 值很低，采用路线 1_H 认证时会得到一个低的安全完整性等级。

工程上也不能完全依赖路线 1_H 认证的产品，还需考虑实际的工程应用情况。路线 2_H 使用统计学方法，从而得到设备的失效数据：首先要收集大量的现场数据；然后由专家评判，必要时可进行特别的测试，确保数据的可信度达到 90% 以上；最后根据数据计算设备的安全失效和危险失效概率。

IEC61511 更倾向于路线 2_H 的方法，推荐采取先前使用(Prior Use)，从工程实际中获取数据，而不仅仅依赖于理论模型。IEC61511 中规定经路线 2_H 认证的设备，其声明的安全完整性等级与硬件故障裕度 HFT 关系见表 4.6。

表 4.6 路线 2_H 认证设备 HFT 与 SIL 关系(IEC61511)

安全完整性等级	硬件故障裕度 HFT
SIL1	0
SIL2	0
SIL3	1

4.2 系统性失效

系统性失效是由开发和运行过程中的错误造成的，一般是由硬件或软件（系统性失效不仅仅针对于软件部分）设计阶段的规范错误、设计失误、制造错误导致的。

由于系统性失效是人为因素造成的，不同团队的经验、技能差别较大，所以由系统性失效引起的系统失效率不能精确地用概率量化。与一定会发生随机硬件失效不同的是，系统性失效只有在特定条件下才会发生而且有复发性，只要条件满足就会失效。

以设备的软件为例：与硬件相比，软件没有老化的过程，也没有随机失效的问题；软件的设计错误或故障会造成系统性失效，软件的漏洞无法通过日常的维护消除，只能通过重新设计去消除失效原因。

IEC61508 对涉及执行安全功能的软件全生命周期提出了具体的要求，并制定了一套完整的软件开发程序和一系列技术与措施，通过严格的质量管理及全生命周期管理的程序控制，来实现避免故障、检测故障、排除故障及容忍故障的目的，保证软件的安全完整性。

4.2.1 系统性能力 SC

与可量化的硬件安全完整性不同，系统安全完整性通常无法量化。用以表达设备应对系统性失效的能力等级称为系统性能力 SC（Systematic Capability）。系统性能力决定了该设备导致安全功能失效的系统性故障的可能性，分为 SC1 ~ SC4 四个等级（对应满足 SIL1 ~ SIL4 的安全功能要求）。

系统性能力评估有路线 1_S（S 指系统，System）、路线 2_S、路线 3_S。

1. 路线 1_S

路线 1_S 是遵循 IEC61508 的要求进行研发、制造的，符合关于避免系统性故障的要求以及关于控制系统性故障的要求。

为了达到期望的完整性等级，IEC61508 中提供了规则、方法以及指南，防止设计错误发生，从而抵御系统性故障。表 4.7 是 IEC61508 - 2 中的要求，根据安全完整性等级提出了相应的建议和措施，首先指明了技术或措施的重要性，其次包含了使用时要求的有效性。

表4.7 用于控制由硬件设计引起的系统性失效的技术和措施

技术/措施	GB/T 20438.7—2017	SIL1	SIL2	SIL3	SIL4
程序顺序监视	A.9	HR 低	HR 低	HR 中	HR 高
利用在线监视检测失效	A.1.1	R 低	R 低	R 中	R 高
利用冗余硬件进行测试	A.2.1	R 低	R 低	R 中	R 高
标准测试访问端口和边界扫描架构	A.2.3	R 低	R 低	R 中	R 高
代码保护	A.6.2	R 低	R 低	R 中	R 高
多样化硬件	B.1.4	— 低	— 低	R 中	R 高

注：(1)重要程度表示如下：

HR——在该安全完整性等级下极力推荐的技术措施。若不采用这种技术或措施，则应详细说明不使用的理由。

R——在该安全完整性等级下推荐的技术或措施。

———既不推荐也不反对使用的技术或措施。

(2)要求的有效性表示如下：

低——若使用，采用的技术和措施应在防止系统性失效方面至少达到低有效性。

中——若使用，采用的技术和措施应在防止系统性失效方面至少达到中等有效性。

高——若使用，采用的技术和措施应在防止系统性失效方面至少达到高有效性。

2. 路线2$_S$

设备开发时若未遵循IEC61508的要求时，可以采用路线2$_S$进行系统性能力评估。

路线2$_S$是基于经验使用(Proven in Use)进行评估的，当设备有明确限定的功能，且有充分的书面文件证明在此前使用期间内所有失效都被正式地记录下来；如果有必要，企业可以考虑任何附加的分析或测试。

路线2$_S$是通过书面文件来证明该设备应用在安全仪表系统时导致任何失效的可能性足够低。路线2$_S$重点关注的是设计、研发、制造过程中是否存在缺陷，并不关注产品质量。

3. 路线3$_S$

路线3$_S$针对的是现成软件，应满足IEC61508-3的7.4.2.13中的所有要求。

对于应用在安全仪表系统中的设备,供应商需提供安全手册(Functional Safety Manual),说明如何达到系统性能力要求,并指导用户正确地安装、使用、维护,避免发生系统性失效。

4.2.2 系统性能力的组合

当多个设备进行表决时,该组件的系统性能力取决于 SC 能力最小的设备。如图 4.3 中的案例,设备 1 为 SC1,设备 2 为 SC2,它们组合的组件 SC = 1。

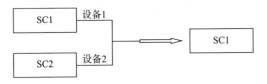

图 4.3 系统性能力的组合(示例)

若两个设备的 SC 能力一致,且它们之间相互独立,不会同时发生系统性失效,则它们组合的组件系统性能力可提高一个等级,且只能提高一个等级,不能再通过增加设备继续提高组件的 SC 等级。如图 4.4 中的案例,设备 1、设备 2、设备 3 互相独立,不会同时发生系统性失效,它们组合的最大 SC 能力为 SC3,而不是 SC4。

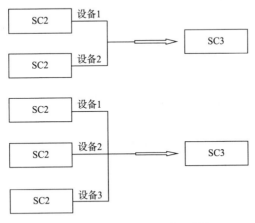

图 4.4 系统性能力的组合(示例)

两个设备之间若没有足够的独立性,则不能进行 SC 的叠加。如两个 SC2 的同型号压力变送器组成 1oo2 表决结构时,它们可能同时出现系统性失效,其组合的组件系统性能力依然是 SC2。

4.2.3 软件的 SIL 等级

软件的失效属于系统性失效，IEC61508.3 中制定了一套评估规程，从软件开发的全生命周期流程进行评估，通过不同阶段的控制和评估使软件能够达到要求的 SIL 等级。

以软件的系统安全确认为例，IEC61508.3 附录 A 中给出了具体的技术措施要求(见表 4.8)。

表 4.8　软件的系统安全确认要求

技术/措施	SIL1	SIL2	SIL3	SIL4
概率测试	—	R	R	HR
过程仿真	R	R	HR	HR
建模	R	R	HR	HR
功能和黑盒测试	HR	HR	HR	HR
在软件安全要求规范和软件安全确认计划间向前可追溯	R	R	HR	HR
在软件安全确认计划和软件安全要求规范间向后可追溯	R	R	HR	HR

IEC61511 中对软件开发也提出了一些要求。因软件开发属于产品开发阶段，工程应用一般在软件上进行组态和操作，本章节对软件的 SIL 等级不作过多的描述。

4.3　设备安全完整性

设备的安全完整性等级需要由硬件安全完整性等级和系统性能力两部分共同确定，见图 4.5。

设备的安全完整性 SIL N 是硬件安全完整性 SIL X($X = 1 \sim 4$)和系统性能力 SC Y($Y = 1 \sim 4$)的较小值，即 $N = \min(X, Y)$。如某设备的硬件安全完整性等级为 SIL3，系统性能力为 SC2，则设备可以使用在 SIL2 及以下要求的安全仪表功能回路中。

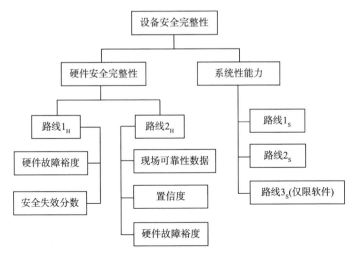

图 4.5　设备的安全完整性确定

4.4　安全功能认证流程

设备是否符合 IEC61508，可以由制造商根据自己的方法、程序和规程评估，可以由第二方采取自我选定的方法（如 FMEA）进行评价，也可以由第三方（如 TÜV 莱茵、Exdia、UL、FM Global 等）机构鉴定。

以 TÜV 莱茵为例，产品的安全功能认证一般需要经过概念审查、要点检查与认证三个步骤。

1. 概念审查

概念审查阶段需检查产品的规范、设计及安全概念，是否遵守相关标准，安全概念是否能够满足相应的功能安全要求；在结构和功能块一级进行失效影响分析，以确定是否采用了足够的失效检测和控制措施；确认与审批要求规范、测试计划及要点检查时的测试方案；评估确定所有避免失效的要求（质量保证）都能够满足。

产品通过了概念审查，则表明产品的设计在原理层面上符合要求。

2. 要点检查

要点检查阶段需要查证和分析产品的所有安全相关功能。

需要检查测试的内容包括：硬件（软件）及机械部件的功能安全、电气安全、环境条件与 EMC、在设计开发阶段的质量管理状况、验证与确认计划、部件级（子系统级或系统级）的 FMEDA、失效检测与反应、验证（计划）*PFD/SFF* 值、软件审批、用户文件及安全手册的检查。检查阶段应完成检查与测试报告。

3. 最终认证

认证阶段主要依据检查与测试报告的结果，确认是否有足够的证据表明已经采取了有效措施以避免和控制硬件（软件）失效，系统所有安全功能是否都能实现，所有定量指标是否都达到要求。结果如果符合标准要求，则可通过认证。

在一般情况下，安全产品的供应商为向外界证明其产品经过了完整、规范的SIL 认证，至少提供如下文件：

（1）规范的产品 SIL 认证证书或标准符合性（IEC61508 等）证书；

（2）硬件失效分析报告（如 FMEDA 报告）；

（3）完整的 SIL 评估报告或标准符合性（IEC61508）工作报告；

（4）产品的《安全手册》；

（5）其他能对产品安全性、可靠性或标准符合性具有说明能力的文件。

4.5　共因失效

共因失效 CCF（Common Cause Failure）是指在冗余设备中由一个或多个事件导致两个或多个独立设备同时失效，从而导致系统失效。

共因失效可能是使用环境、设计缺陷、电磁干扰等原因引起的，如冗余的I/O 卡件受到电磁干扰同时失效，导致无法输出正常值。共因失效概率是计算MooN 结构 PFD_{avg} 和 *STR* 的重要参数之一。

图 4.6 分别表示 A 和 B 设备无共因失效和存在共因失效的示例，交叉部分即会同时影响两个设备的共因失效。

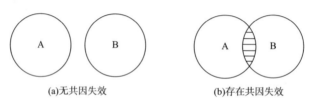

(a)无共因失效　　　　　　(b)存在共因失效

图 4.6　共因失效

IEC61508 – 6：2010 中提出，由危险共因失效引起的总失效率为：

$$\lambda_{DU}\beta_{DU} + \lambda_{DD}\beta_{DD} \qquad (4.5)$$

式中　β_{DU}——未检测到的危险故障的共因失效系数；

β_{DD}——检测到的危险故障的共因失效系数。

为了简化共因失效概率的计算，本书后续计算过程中仅取一个总的共因失效系数 β，不单独考虑 β_{DU} 和 β_{DD}，假设同一个设备中危险失效和安全失效的 β 值一致。

4.5.1　共因失效因子 β

IEC61508 – 6：2010 附录 D 中给出了一种用表格打分估算共因失效系数 β 的方法——对传感器子单元、执行元件子单元、逻辑子单元在设计、制作、安装、维护、使用环境等多方面进行评分。对此，本书不再赘述。

1oo2 表决结构中得分与共因失效系数 β 的对应关系见表4.9。

表4.9　1oo2 结构 β 的确定

得　分	逻辑子单元	传感器或执行元件子单元
≥120 分	0.5%	1%
70 ~ 120 分	1%	2%
45 ~ 70 分	2%	5%
<45 分	5%	10%

冗余级别高于 1oo2 的其他 MooN 结构的共因失效系数 β 可按表4.10 确定。MooN 结构中，在 M 不变的前提下，β 的值随着 N 的增大而逐渐变小，如1oo3 结构发生共因失效的概率小于1oo2 结构的。

表4.10　MooN 结构 β 的确定

MooN		N			
		2	3	4	5
M	1	β	0.5β	0.3β	0.2β
	2		1.5β	0.6β	0.4β
	3			1.75β	0.8β
	4				2β

4.5.2　同型设备 β 值的确定

评分法为半定性半定量的分析方法，且为每个设备运用评分表进行打分较为烦琐，并存在一定的人员主观性因素。为了方便工程运用的便捷，可跳过打分环节，选择一个既不保守又不激进的共因失效系数，见表4.11。

表4.11　可采用的 MooN 结构的 β 值

结　构	逻辑子系统 β 值	传感器或执行单元 β 值
MooN	2%	5%

各种细分类别的共因失效概率可以通过表4.12中的公式进行计算。

表4.12　共因失效概率计算

序号	定　义	计算公式
1	检测到的共因危险失效概率 λ_{DDC}	$\lambda_{DDC} = \beta \times \lambda_{DD}$
2	未检测到的共因危险失效概率 λ_{DUC}	$\lambda_{DUC} = \beta \times \lambda_{DU}$
3	检测到的非共因危险失效概率 λ_{DDN}	$\lambda_{DDN} = (1-\beta) \times \lambda_{DD}$
4	未检测到的非共因危险失效概率 λ_{DUN}	$\lambda_{DUN} = (1-\beta) \times \lambda_{DU}$
5	检测到的共因安全失效概率 λ_{SDC}	$\lambda_{SDC} = \beta \times \lambda_{SD}$
6	未检测到的共因安全失效概率 λ_{SUC}	$\lambda_{SUC} = \beta \times \lambda_{SU}$
7	检测到的非共因安全失效概率 λ_{SDN}	$\lambda_{SDN} = (1-\beta) \times \lambda_{SD}$
8	未检测到的非共因安全失效概率 λ_{SUN}	$\lambda_{SUN} = (1-\beta) \times \lambda_{SU}$

案例 4−1

同型号两个仪表组成1oo2冗余表决结构，$\lambda_{SD}=0$，$\lambda_{SU}=84$，$\lambda_{DD}=258$，$\lambda_{DU}=32$，单位 FIT，共因失效因子 $\beta=5\%$，分别按表4.12计算如下：

$\lambda_{DDC} = 0.05 \times 258 = 12.9\text{FIT}$

$\lambda_{DUC} = 0.05 \times 32 = 1.6\text{FIT}$

$\lambda_{DDN} = (1-0.05) \times 258 = 245.1\text{FIT}$

$\lambda_{DUN} = (1-0.05) \times 32 = 30.4\text{FIT}$

$\lambda_{SDC} = 0.05 \times 0 = 0$

$\lambda_{SUC} = 0.05 \times 84 = 4.2\text{FIT}$

$\lambda_{SDN} = (1-0.05) \times 0 = 0$

$\lambda_{SUN} = (1-0.05) \times 84 = 79.8\text{FIT}$

在工程应用中，为了尽可能降低共因失效，可以从如下三个方面考虑：

(1)冗余单元的物理隔离：如压力变送器不采用同一个取压口、温度传感器不采用同一个保护套管，冗余信号分别进不同的接线箱、敷设路径、IO卡件、机柜，不采用同一根多芯电缆等方式。

(2)多样化冗余：如采用不同类型、不同型号、不同品牌的设备搭建冗余表决结构，同型号设备的冗余可以减少随机硬件失效，不同型号的设备冗余可以减少系统性失效。

(3)增强组件可靠性：降低系统复杂性，减少设备的失效率是有效降低共因失效的一个途径。

4.5.3 异型设备 β 值的确定

案例4-1为同型设备组成MooN表决结构时各失效概率的计算，在实际应用过程中还会存在异型设备之间的MooN表决结构发生共因失效。异型设备包括不同品牌、不同型号或不同类型的设备，它们的失效概率也不一样。

以异型设备A和B组成的1oo2表决结构为例，两个设备各自同型冗余时根据IEC61508.6附录D评分表中得出的共因失效因子分别为β_A和β_B。因为异型设备的多样性冗余会减少设备之间的相关性，从而降低两个设备发生共因失效的概率，因此通常认为异型设备的共因失效因子$\beta_{A,B}$比同型设备的小，即：

$$\beta_{A,B} \leqslant \min(\beta_A, \beta_B) \tag{4.6}$$

引入共因失效多样性修正因子d用以表示A和B两个设备的相异程度，上述公式修改为：

$$\beta_{A,B} = d \times \min(\beta_A, \beta_B) \tag{4.7}$$

d的取值见表4.13。因异型设备主要应用于传感器和执行元件子单元，所以结合表4.10就能给出一个异型设备的β参考值。

表4.13 共因失效多样性修正因子 d

相异程度	d 值	β 参考值	示例
很大	0.2	1%	雷达液位计和音叉开关
一般	0.5	2.5%	导波雷达液位计和喇叭口雷达液位计
较小	0.8	4%	不同品牌的雷达液位计
相同	1.0	5%	同型号雷达液位计

在共因失效通用的 β 模型中，共因失效概率可采用 λ_A 和 λ_B 的代数平均值与 β 的乘积，但如果 A、B 设备的 λ 值相差较大时，则算出的平均值与 λ_A、λ_B 中较小的一个相比将显得太大，因此可使用几何平均值 $\sqrt{\lambda_A \times \lambda_B}$ 与 β 相乘。以此类推，N 个异型设备组成组件共因失效概率为 $\sqrt[N]{\lambda_1 \times \lambda_2 \times \cdots \times \lambda_N}$ 与 β 的乘积。

4.6　MTBF、MTTF、MTTR

在失效概率计算中，$MTBF$、$MTTF$、$MTTR$ 是常用的可靠性指标，三者关系见图4.7。

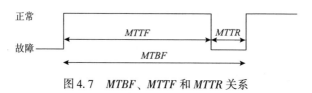

图4.7　$MTBF$、$MTTF$ 和 $MTTR$ 关系

平均故障间隔时间 $MTBF$（Mean Time Between Failure）是指发生两次失效的时间间隔。系统的可靠性越高，$MTBF$ 时间越长。

平均无故障时间 $MTTF$（Mean Time To Failure）是指设备连续正常工作时间长度的平均值。$MTTF$ 越长表示可靠性越高、正确工作时间越长。

平均修复时间 $MTTR$（Mean Time To Repair）是指从出现故障到修复中间的这段时间，包含获得配件的时间、维修团队的响应时间、记录所有任务的时间和将设备重新投入使用的时间。$MTTR$ 越短，表示易恢复性越好。

根据图4.7可得出：

$$MTBF = MTTF + MTTR \tag{4.8}$$

当 $MTTR \ll MTTF$ 时，

$$MTBF = MTTF = \frac{\sum T}{N} \tag{4.9}$$

式中　　$\sum T$——总的正常运行时间；

N——故障次数。

失效概率 λ 为运行时间内发生故障的次数与运行时间的比值，故 λ 和 $MTTF$ 的关系为：

$$\lambda = \frac{N}{\sum T} = \frac{1}{MTTF} \tag{4.10}$$

$MTTF$ 可以细分为平均危险故障间隔时间 $MTTF_{\mathrm{D}}$ 和平均安全故障间隔时间 $MTTF_{\mathrm{S}}$，则 λ_{D} 和 λ_{S} 分别为：

$$\lambda_{\mathrm{D}} = \frac{1}{MTTF_{\mathrm{D}}} \tag{4.11}$$

$$\lambda_{\mathrm{S}} = \frac{1}{MTTF_{\mathrm{S}}} \tag{4.12}$$

$MTTF$ 是通过统计的方法计算出来的，但并不是一个仪表的使用寿命是 10 年，就要花费 10 年时间去统计故障次数，这没有可操作性。通常是采用 N 个同型号仪表在同样的条件下进行测试，统计在一定时间内出现的故障次数。

案例 4 - 2

2000 个某仪表在 2 年时间内发生故障次数为 5 次，其中危险故障 4 次，安全故障 1 次，则：

$MTTF = \dfrac{2000 \times 2}{5} = 800$ 年，$\lambda = \dfrac{1}{800} = 0.00125/$年

$MTTF_{\mathrm{D}} = \dfrac{2000 \times 2}{4} = 1000$ 年，$\lambda_{\mathrm{D}} = \dfrac{1}{1000} = 0.001/$年

$MTTF_{\mathrm{S}} = \dfrac{2000 \times 2}{1} = 4000$ 年，$\lambda_{\mathrm{S}} = \dfrac{1}{4000} = 0.00025/$年

$MTTF$ 为 800 年不代表仪表的使用寿命为 800 年，而是指每年发生故障的概率为 0.125%，或者 800 台仪表每年平均有一个仪表会发生故障。

ISA - TR 84.00.02—2015 表 4.2 中给出了一些工厂使用的仪表设备 MTTF 的参考值，表 4.14 为其中的部分设备。读者也可以从美国 EXIDA 公司的《安全设备可靠性手册》、美国化工数据安全中心 (CCPS)《过程设备可靠性数据》等数据库中获取设备的参考失效数据。

从表 4.14 中可以看出，同一类型设备在不同的企业统计中数值差距较大，这说明仪表的使用寿命及故障率与使用环境、日常维护有很大的关系。虽然这些统计数据不一定完整和准确，同类型仪表中不同厂家的质量千差万别，但不可否认它们依然可以作为 PFD_{avg} 和 STR 计算的参考数据。

在运用 $MTTF_{\mathrm{D}}$ 和 $MTTF_{\mathrm{S}}$ 计算 PFD_{avg} 和 STR 值时，可默认仪表无检测出的失效概率，即 $\lambda_{\mathrm{DU}} = \lambda_{\mathrm{D}}$，$\lambda_{\mathrm{SU}} = \lambda_{\mathrm{S}}$，$\lambda_{\mathrm{DD}} = 0$，$\lambda_{\mathrm{SD}} = 0$。

表 4.14 部分设备 MTTF 参考值

单位：年

项目	A工厂 MTTF$_D$	A工厂 MTTF$_S$	B工厂 MTTF$_D$	B工厂 MTTF$_S$	C工厂 MTTF$_D$	C工厂 MTTF$_S$	D工厂 MTTF$_D$	D工厂 MTTF$_S$	E工厂 MTTF$_D$	E工厂 MTTF$_S$	F工厂 MTTF$_D$	F工厂 MTTF$_S$
1. 传感器单元												
热电阻			60~80	30~40	30	15			150	40		
热电偶		75	60~80	30~40	40	20	160	100	200	23	65	50
温度变送器	75	100	40~60	20~30	40	20	160	100	200	23	65	50
压力变送器（P<10MPa）	100	100	40~60	20~30	50	25	60	60	150	80	55	55
压力变送器（P≥10MPa）	100	100	40~60	20~30			60	60	150	80	55	55
孔板流量计	75	75	30~50	15~25	40	20	20	2	75	60	35	15
电磁流量计			40~50	20~25	100	25	150	150	75	40		
质量流量计			40~60	20~30	40	15	76.1		75	40		
涡街流量计			40~60	20~30	50	10			100	60		
液位变送器	50	50	40~60	20~30	30	15	25	25	75	40	35	15
液位开关			20~30	10~15	25	5~10	80	60	100	50	30	60
振动传感器	20	20	40~60	20~30	10	5			50	70		
可燃气体检测器							50		50	15	2.8	
2. 执行单元												
气动单座阀	50	50	40~60	20~30	60	25	40	40	50	100	40	40
气动球阀	50	50	40~60	20~30	50	25	40	120	60	150	40	40
电磁阀	100	10	25~35	12~15	50	25	100	15	60	30	125	
液动球阀							25	80	100	100		
继电器			2000				70	40	500	400		

4.7 *PFD* 和 *PFD*_{avg}

PFD 与 λ 的推导过程较为烦琐，详见 ISA – TR84.00.02—2015 附录 C，本节不再对其过程进行描述。对于工程应用而言，笔者更关注推导结果在实际工程中的运用，其结论见式(4.13)。

$$
\begin{aligned}
PFD(t) &= 1 - e^{-\lambda_{D}t} \\
&= 1 - (1 - \lambda_{D}t + \frac{\lambda_{D}^{2}t^{2}}{2} - \frac{\lambda_{D}^{3}t^{3}}{6} + \frac{\lambda_{D}^{4}t^{4}}{24} - \cdots) \\
&= \lambda_{D}t - (\frac{\lambda_{D}^{2}t^{2}}{2} - \frac{\lambda_{D}^{3}t^{3}}{6} + \frac{\lambda_{D}^{4}t^{4}}{24} - \cdots)
\end{aligned}
\tag{4.13}
$$

当 $\lambda_{D}t \ll 1$ 时，上述公式可简化为：

$$
PFD(t) = \lambda_{D}t
\tag{4.14}
$$

上述公式是计算不同时间点发生危险故障的概率 PFD，要求时的平均失效概率 PFD_{avg} 与各个时间点的 PFD 关系为：

$$
PFD_{avg} = \frac{1}{TI} \int_{0}^{TI} PFD(t)\,\mathrm{d}t
\tag{4.15}
$$

式中　TI——检验测试时间间隔(Time Interval)。

案例 4 – 3

某仪表的 $\lambda_{D} = 0.000001/h$，计算仪表一直运行 4 年后发生危险失效的概率。

代入式(4.13)中，$PFD = 1 - e^{-0.000001 \times 4 \times 8760} = 0.0344$。

代入式(4.14)中，$PFD = 0.000001 \times 4 \times 8760 = 0.03504$。

若此仪表发生故障时不可修复，将案例 4 – 3 中的数据代入式(4.15)，使用计算机程序编程，部分代码如下：

```
clear
clc
% 定义初始值
lamuda = 0.000001
% 计算 PFD 值
for i = 1:1:10000000
    PFD(i) = 1 - exp( - lamuda * i);
```

```
end
% 计算 PFD_avg 值
PFD_avg = mean(PFD) * ones(1,i);
% 画图
plot(PFD,'r')
hold on
plot(PFD_avg,'--b')
xlabel('h')
ylabel('PFD and PFD_avg')
legend('PFD','PFD_avg')
```

得到发生危险故障率 *PFD* 随着时间的变化曲线，见图 4.8。

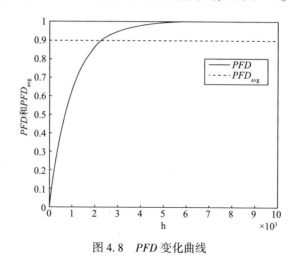

图 4.8　*PFD* 变化曲线

从图 4.8 中可以看出，随着时间的增长，仪表的故障概率越来越高，直至无法使用。PFD_{avg} 是要求时间段内 *PFD* 的平均值。

若此设备发生故障后可在检验测试时发现并完全修复，则其发生危险故障率随着时间的变化曲线见图 4.9，其中 *TI* 为 1 年(8760h)。

图 4.9 中因 λ_D 值较小，*PFD* 与时间在周期性检验周期 *TI* 内为线性形状(显示的是指数函数的线性部分)；若仪表的危险失效概率 $\lambda_D > 10000\mathrm{Fit}$ 时，则 *PFD* 和时间在周期性检验周期 *TI* 内为指数关系，见图 4.10。

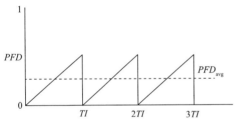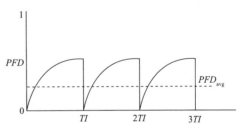

图 4.9　可完美修复系统的 *PFD* 曲线（Ⅰ）　　　图 4.10　可完美修复系统的 *PFD* 曲线（Ⅱ）

4.8　小　结

尽管企业对仪表设备的 *MTTF* 值进行统计是非常有意义的，但是也有着现实的困难，光靠某个企业或个人势必心有余而力不足。在提倡工业互联网的今天，国内大型石化企业调动集团下属公司电仪维护部门的力量，收集、整理一份有应用价值的国内仪表设备失效数据库，在不远的将来定会成为现实。

参考文献

[1]靳江红，吴宗之，赵寿堂，等．异型设备冗余和多重表决结构的可靠性计算[J]．仪器仪表装置，2010，10：11 - 15.

[2]阳宪惠，郭海涛．安全仪表系统的功能安全[M]．北京：清华大学出版社，2007.

[3]栾永刚．海洋石油平台安全仪表系统失效模式分析及控制措施[J]．中国化工贸易，2016，9：80 - 81.

[4]张艾森．IEC 61511 - 1 Ed2.0 解读[J]．石油化工自动化，2016，52(5)：12 - 17.

[5]冯晓升．安全相关系统 SIL 设计的要求[J]．仪器仪表标准化与计量，2007，4：3 - 5.

[6]冯晓升．软件的功能安全要求[J]．仪器仪表标准化与计量，2007，6：24 - 26.

[7]史学玲．功能安全问答[J]．仪器仪表标准化与计量，2008，5：11 - 14.

[8]史学玲．功能安全认证过程中对诊断的判别、计算与测试[J]．仪器仪表标准化与计量，2009，1：15 - 22.

[9]刘瑶．安全仪表系统中的共因失效[J]．仪器仪表标准化与计量，2009，6：15 - 36.

[10]熊文泽．安全产品 SIL 认证的鉴别和评估[J]．仪器仪表标准化与计量，2012，4：16 - 19.

[11]Stein Hauge，Solfrid Håbrekke，Mary Ann Lundteigen. Reliability Prediction Method for Safety Instrumented Systems – PDS Example collection，2010 Edition[R]. SINTEF Technology and Society Safety Research，2010.

[12]华镕. 估算共同原因 β 系数[J]. 仪器仪表标准化与计量，2009，4：32 – 34.

[13]丁辉，靳江红，汪彤. 控制系统的功能安全评估[M]. 北京：化学工业出版社，2016.

[14]张杰，王海清，李玉明，等. 基于主观估计法和 FMEDA 的失效数据分析及应用[J]. 计算机工程与应用，2013，49(16)：255 – 259.

[15]张建国. 安全仪表系统在过程工业中的应用[M]. 北京：中国电力出版社，2010.

[16]史学玲，田雨聪，冯晓升. GB/T 20438. 2—2017/IEC61508：2—2010 电气/电子/可编程电子安全相关系统的功能安全 第 2 部分：电气/电子/可编程电子安全相关系统的要求 [S]. 北京：中国标准出版社，2017.

第 5 章　SRS 的编制

安全功能要求规格书 SRS(Safety Requirement Specification)规定了对安全仪表系统所要执行安全功能的详细要求。SRS 虽然在 IEC61508、IEC61511 中很早就被提出，但在实际行业中应用得并不广泛。这几年 SRS 字眼出现的频率越来越高，安全检查也有提出关于 SRS 的建议，从业人员对如何编制 SRS 文件较为关注。

5.1　编制流程

SRS 的编制流程见图 5.1，SRS 的编制由工艺、安全、自控、设备厂商共同完成。

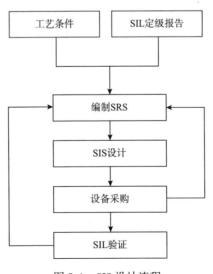

图 5.1　SIS 设计流程

首先，由工艺专业和安全专业编制 SRS 内的联锁要求、安全完整性等级要求等内容；自控专业根据 SRS 的要求编制 SIS 设计文件，校审人员对照 SRS 的要求审查 SIS 设计文件；采购部门根据 SIS 设计文件购买设备，设备厂商提供其设备的型号、失效数据等相关资料文件；自控专业根据设备厂商返回的资料继续补充 SRS 文件；最后，验证人员根据 SRS 的要求及设备厂商返回的数据资料进行 SIF 回路 SIL 验证，当 SIL 验证不通过时需重新调整 SRS 中的相关内容或调整采购设备的品牌、型号。

SRS 牵涉的专业较多，且贯穿在前期咨询设计到后续的采购、验证等活动中；同时根据当前的设计深度要求，SRS 文件并不在工艺和自控专业出图范围内，如没有牵头专业或单位，则会给 SRS 文件的编制工作带来难题。

5.2 内容组成

完整的 SRS 可分为通用要求、安全功能要求和安全完整性等级要求三个部分。

5.2.1 通用要求

通用要求包括的设计标准、运行环境、EMI/RFI(电磁干扰/射频干扰)要求、EMC(电磁兼容性)要求，这是 SIS 的共性部分。SIS 需根据相应的标准规范进行设计，在合适的环境中运行，避免电磁干扰影响安全功能的执行。

通用要求还包括运行模式要求、失效模式要求、MTTR/SD 要求、使用寿命要求、诊断功能要求等，这些是每个 SIF 的共性部分。

1. 运行模式要求

同一个项目中有统一的运行模式要求(低要求、高要求或连续)，在第一章中已作描述；也有一些项目中存在不同运行模式的 SIF 回路，这个要在 SRS 中明确区分。

本书中 SIF 的运行模式为低要求模式。

2. 检验测试时间间隔 TI

执行安全功能的设备长期处于静默状态，当需要其执行安全功能时可能已经失效，故设备需进行周期性的检查和维护。并且随着时间的增长，设备的 PFD 会越来越大，为了保证设备的可靠性也需要对设备进行周期性的检查和维护。

检验测试时间间隔用 TI 表示，通常有 1 个月、3 个月、6 个月、1 年、2 年、4 年等，TI 的具体数值要根据装置实际情况确定。TI 时间越短，越能通过密集的离线检查发现问题和修复问题，从而降低 SIF 回路中设备要求时的失效概率。

检验测试时间间隔 TI 可根据装置的检修周期、设备的检修要求、回路 PFD 的要求等制定。通常，TI 可等同于装置的检修周期，如一般连续生产装置为每年检修一次，TI 可选取 1 年。随着大型联合装置的检修周期越来越长，有的要求连续运行 3~5 年，这就给 SIS 设备的离线检修带来了挑战。故在日常维护中，仪表部门应抓住生产中的检修机会，尽量缩短 TI 时间。对于一些间歇性生产的精细化工，设备长期在酸碱等强腐蚀介质及环境下运行，检修频率较高，且一般按照批次进行生产，批次与批次之间均可实现离线对 SIS 设备进行检修，此时 TI 可选取 3 个月或 6 个月。因罐区也属于间歇性操作，所以罐区也可选取较小的 TI 值，但 TI 取值也不宜过低。

综合来说，检验测试时间间隔 TI 选取为 1 年较为合理。

3. $MTTR$、SD 要求

平均修复时间 $MTTR$ 是指设备发生故障到恢复正常工作的时间间隔。$MTTR$ 数值可选用 8h、24h 等。

平均重启时间 SD（the time required to restart the process after a shutdown）是指装置重新启动所需的平均时间，一般可取 4h、8h、24h 等数值，具体需根据装置实际情况确定。对于间歇性的精细化工或罐区而言，SD 值一般较小；大型炼油等连续性生产装置，一般需要较长的重新启动时间，因为有较多的安全联锁回路及关键设备（如压缩机、加热炉等）需要陆续投运。

5.2.2 安全功能要求

安全功能要求是描述 SIF 回路需要执行的安全功能，这部分内容作为 SIS 设计的输入条件，包括：

(1)SIF 回路的输入、输出及逻辑关系。

(2)量程、联锁设定值。

(3)响应时间要求，即完成要求的安全功能所要求的时间，如危险工艺反应釜压力超高时需要在 3s 内打开紧急泄放阀。这部分由工艺专业根据过程安全时间 PST 来决定。

（4）励磁动作或消磁动作的选择，如切断阀的电磁阀为得电联锁或失电联锁。在 SIS 的联锁设计中，为了提高系统的安全性，避免因线路故障、电源故障等导致无法执行安全仪表功能，电磁阀选用长期带电型，故为失电联锁；停电机信号为输出 0 联锁。

（5）执行单元失电、失气动作要求，例如，继电器有常开（NO）、常闭（NC）触点选择。低电平联锁的 SIF 回路继电器可选常开触点（继电器线圈失电，常开触点断开，执行联锁），具体情况应视实际情况而定。另外，控制阀（主要指切断阀）故障位置也有一定的要求。故障位置指的是失去气源时的位置，有 FC（故障关）、FO（故障开）、FL（故障保持，分为 FLO 和 FLC）三种状态。故障位置可从工艺条件表中或 P&ID 上获得。

（6）旁路要求。旁路分为操作旁路和维护旁路。操作旁路开关用于工艺开工和特殊过渡过程，在开工过程中输入信号未正常之前使用，将输入信号暂时旁路，使安全仪表逻辑控制器的输入不受输入信号的影响。操作旁路可在 DCS 或 SIS 的操作站上设置软按钮实现。例如某反应釜内分为两个操作步骤，第一个步骤操作温度为 120℃，为物理过程，无化学反应；第二个操作步骤为重点监管危险工艺，需设置 SIS 联锁，联锁值为 80℃；故在第一个步骤时需对此反应釜温度联锁回路进行操作旁路，否则将触发联锁，影响第一个步骤的生产。

维护旁路开关用于输入信号传感器维护过程，让其不参与 SIS 联锁。工艺参数联锁输入信号一般需配置维护旁路。视项目的具体情况及 SIF 回路的重要程度，维护旁路可在 DCS 或 SIS 操作站上设置软按钮开关，或在辅助操作台设置硬开关。

旁路的管理也是 SIS 投用后日常维护的重要环节，旁路动作要有报警和记录。为了避免维护结束后未及时摘除维护旁路，旁路上可安装一个计时报警，当旁路时间超过申请时间时进行特殊报警提醒。

除此之外，企业还可以设置允许旁路开关对维护旁路进行授权管理。允许旁路开关由工艺人员操作，只有当工艺上允许旁路时，维护旁路才会生效。允许旁路开关设置方案见图 5.2。

（7）复位要求。SIF 回路联锁后在重新投用前需进行人工确认，只有满足复位条件后方可重新投入使用，常用于有 RS 触发器的联锁逻辑。

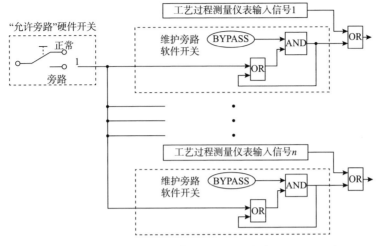

图5.2 允许旁路开关设置方案

复位可以在SIS或DCS操作站上设置软按钮，重要的联锁回路也可以在辅助操作台上设置硬按钮，必要时也可将复位按钮设置在现场设备附近，以防止现场不具备复工条件时，在控制室内复位导致事故发生。

复位的动作应有报警和记录。

(8)手动联锁要求。手动联锁分为软按钮和硬按钮，软按钮一般设置在SIS或DCS操作站上，硬按钮可以设置在辅助操作台上，也可以在现场设置就地紧急联锁按钮。重要手动的按钮(如用于全厂紧急停车)应设置硬按钮。

需要注意的是，日常操作中要避免误操作导致的非计划停车，要加强对手动联锁按钮的管理。

(9)接口要求。该要求描述SIS与DCS等其他系统之间的数据交换与否及交换方式，如将SIS中的某传感器信号通过MODBUS通信的方式传入DCS操作画面。

SIS可设置一台工程师站用于组态维护，设置一台操作站用于旁路操作等，因SIS长期处于静止状态，SIS也可只设置一台工程师/操作员站。

(10)降低共因失效概率要求。MooN结构的SIF回路，可采用不同技术、不同型号的设备进不同的I/O卡件等措施，以降低共因失效概率。如罐区液位2oo3联锁回路，传感器单元可以选用伺服液位计、音叉开关、雷达液位计，逻辑控制器单元可选择三块不同的I/O卡件。

(11)设备失效模式。传感器单元在出现危险情况时不能检测或变送危险信息则为危险失效，反之传感器单元在故障时会触发联锁则为安全失效。

　　如果不考虑具体应用，只考虑单独的传感器，则无法确定哪些失效模式是危险失效，哪些失效模式是安全失效。如压力高高参与联锁的 SIF – 1 回路和低低参与联锁的 SIF – 2 回路，压力变送器的失效模式对安全仪表功能的影响不一样。假设压力变送器输出的 4 ~ 20mA 电流与量程 0 ~ 1MPa 相对应，输出电流达到上限 20mA 时设备失效，对于 SIF – 1 回路为安全失效，对于 SIF – 2 则为危险失效。故定义设备的失效模式对 PFD_{avg} 和 STR 的计算至关重要。

　　假设现场变送器（温度、压力、流量、液位变送器等）输出的 4 ~ 20mA 电流与量程是正对应关系（如 4 ~ 20mA 对应 0 ~ 100℃，而不是对应 100 ~ 0℃），则其设备失效模式与 SIF 失效模式关系见表 5.1。

表 5.1　变送器失效模式与 SIF 失效模式

设备失效模式	SIF 失效模式	
	高高联锁	低低联锁
输出冻结	危险失效	危险失效
电流达到上限	安全失效	危险失效
电流达到下限	危险失效	安全失效
诊断失效	无影响失效	无影响失效
输出漂移或不稳定	危险失效	危险失效

　　SIS 软件组态应该注意设备失效所对应的 SIF 失效模式，但可以在适当的情况下将设备的某些失效模式进行设置是否执行安全功能。如热电阻断路后输出最大阻值为安全失效，可以在程序上组态成报警但不触发联锁，提醒操作人员进行检修更换，降低误停车概率。

　　用于紧急停车的安全型逻辑控制器设计为失电联锁，其失效模式见表 5.2。

表 5.2　安全型逻辑控制器失效模式

设备失效模式	SIF 失效模式
输出恒高	危险失效
输出恒低	安全失效
处理器执行错误	安全失效或危险失效
电源无供电	安全失效

　　目前，市场主流的安全型逻辑控制器的处理器单元失效概率很低，I/O 卡件是较为薄弱的环节，电源和网络通信最容易发生故障。

电源模块是否参与 PFD_{avg} 的计算存在不同意见，有人认为电源模块应参与 PFD_{avg} 计算，有人认为 PFD_{avg} 的计算不应包括电源模块。电源模块的失效通常是由某种内部或外部因素导致其元器件发生降级而引发的。内部因素主要包括元件材料、板卡设计、组装与包装等；外部因素取决于使用方式，主要包括过电应力、静电放电与过载等。电源模块故障会使输出偏高、偏低、不稳定、纹波过高等，影响安全型逻辑控制器和现场用电设备的使用。

对于 SIS 系统来说，在一般情况下，在电源模块失效后，所有的 SIF 回路均会安全失效(所有的 SIF 回路联锁均会触发)。故本书中 SIF 回路的 PFD_{avg} 计算不考虑电源模块。

SIS 系统电源问题(如冗余电源模块的切换故障)往往会导致误停车，故针对电源模块，企业应更多地关注误动率 STR。UPS 不在误动率的计算范围内，尽管供配电设备、UPS 等失效也会导致装置误停车，但它们并不属于安全仪表系统。

执行单元的失效模式与 SIF 失效模式见表 5.3。设备失效不能让 SIF 回路处于安全状态的则为危险失效。如压力高时切断阀应处于关闭位置，执行单元的设备失效不能将切断阀置于关闭位置的均为危险失效。在表 5.3 中，若阀门联锁位置与故障位置不一致时，配置储气罐，则为安全失效；若没有配置储气罐，则为危险失效。

表5.3 执行设备单元失效与 SIF 失效模式

设备失效模式	SIF 失效模式	
	安全位置：关闭	安全位置：打开
电磁线圈老化	危险失效	危险失效
阀门卡死	危险失效	危险失效
压缩空气失效	安全失效	安全失效
阀内件密封失效	危险失效	安全失效

5.2.3 安全完整性等级要求

安全完整性等级要求是描述 SIF 回路如何更可靠地执行安全功能，对 SIF 回路的 SIL 等级、目标失效量、周期性检测等提出要求。这部分内容将作为 SIL 验证的输入条件，包括：SIL 等级要求、PFD_{avg} 要求、自诊断功能、部分行程测试、误动率等级要求、有效使用寿命要求等。

1. 自诊断功能

智能型仪表和安全型控制逻辑器均带自诊断功能，智能型仪表可以通过 HART 等协议将设备内部的状态和故障等信息上传，逻辑控制器中可以组态某些故障下的输出模式。例如，变送器在检测到膜盒损坏后，将输出最大电流；安全型逻辑控制器可以在线诊断其硬件和软件故障，如以 2oo3 或 2oo4D 的方式进行表决及通过将某些报警信息传入操作站让维护人员及时解决设备或软件故障等。

2. 部分行程测试

SIF 回路是在工艺控制失效的紧急情况下才会动作，但有一些执行元件如继电器、电磁阀、阀体等长期不动作，并受现场高温、腐蚀、侵蚀、振动、烟尘等影响可能会失效，导致在需要执行动作时不能动作，即 SIF 回路危险失效。

间歇操作的精细化工和罐区等场合，可以通过合理缩短检验周期来进行离线动作诊断；对于炼油等大型连续性生产装置，因检修周期较长，无法确切得知设备是否处于危险失效状态。

为了进一步提高执行元件单元的可靠性，可以对执行元件单元的切断阀设置部分行程测试 PST(Partial Stroke Testing)功能，即让切断阀周期性小开度动作，从而判断阀门是否处于危险失效状态。

对于整个 SIF 回路来说，切断阀贡献的平均失效概率所占的比例往往是排在第一位的。PST 功能能够有效地降低切断阀的失效率，从而提高 SIF 回路的 SIL 等级。

切断阀可以通过增加机械锁位或增加智能型定位器的方法来实现部分行程测试。机械锁位投资和安装成本低，但需要注意的是在执行 PST 过程中切断阀不能用于执行 SIF 回路的安全功能；智能型阀门定位器投资较高，但可以实现在线信息收集和诊断，在执行 PST 过程中不影响 SIF 回路的功能安全。

PST 虽然对装置安全性有很大的提高，但同时还存在误停车的可能性，这是生产管理者不希望出现的局面，且 PST 有一定的投资，故 PST 的应用并不广泛。在保证顺利生产的前提下，提高其他安全管理措施的方式可降低切断阀危险失效的概率。此外，PST 只能对部分行程进行测试，无法测试出全行程的失效。通常 PST 测试不能检测到的故障约占总故障的 30% ~ 70%。

3. 有效使用寿命要求

仪表设备的使用生命周期失效概率曲线见图 5.3，类似于浴盆的曲线。

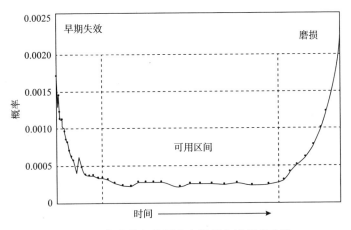

图 5.3　仪表设备使用生命周期失效概率曲线

仪表设备在安装调试及试运行阶段，会暴露出一些在制造、运输、安装等过程中造成的失效，通过整改后进入正常运行阶段，故浴盆曲线的左侧失效概率是逐步降低的；在正常运行阶段，仪表设备平稳运行，故浴盆曲线的中间部分失效概率趋于稳定；在长时间使用后，仪表设备进入老化期，设备故障频发，故浴盆曲线的右侧失效概率逐步上升。

在 SIL 验证中，仪表设备的有效使用寿命是指图 5.3 中的可用区间时间。仪表设备使用寿命与制造、安装、维护、工作环境有很大的关系。同一个仪表在不同工况下的使用寿命是不一样的，有些老企业还存在用了三十几年的仪表，而有些恶劣工况的仪表使用寿命则不到半年。

有效使用寿命对 PFD_{avg} 的计算有很大的影响，使用时间越长，要求时的平均失效概率越大。一般检测仪表、控制阀的使用寿命平均为 8～12 年，具体使用年限应根据实际项目的仪表设备质量、安装和维护水平、现场环境等进行确定。当设备超过了 SRS 报告中规定的有效使用寿命时，企业需对设备进行更换并对新组成的 SIF 回路进行 SIL 验证；若不进行更换，则需重新对 SIF 回路进行评估。

5.2.4　SRS 案例

当自控设计并采购完毕后，企业可编制完整的 SRS 报告。以"反应釜 R101 压力 PZT - 101 超高时，联锁关闭进料切断阀 XZV - 101、蒸汽进、出切断阀 XZV - 102/XZV - 103"为例，描述一个 SIF 回路的安全功能和安全完整性的要求，见表 5.4。

表 5.4　SRS 案例

一、安全功能要求							
1	回路输入	位号	设备名称	品牌型号	用途	量程	联锁值
		PZT - 101	压力变送器	罗斯蒙特 3051	R101 压力检测	0～0.25MPa	0.2MPa
		PZIB - 101	输入安全栅	辰竹 GS8500	配套安全栅	—	—
2	回路输出	位号	设备名称	品牌型号	用途	故障位置	联锁位置
		XZV - 101	阀体	工装 501T	R101 进料切断阀	FC	关闭
			执行机构	工装 5235			
			电磁阀	ASCO 8551	XZV - 101 电磁阀	常闭线圈	失电闭合
			继电器	辰竹 CZSR	XZV - 101 用继电器	—	输出断开
		XZV - 102	阀体	工装 501T	R101 蒸汽进切断阀	FC	关闭
			执行机构	工装 5235			
			电磁阀	ASCO 8551	XZV - 102 电磁阀	常闭线圈	失电闭合
			继电器	辰竹 CZSR	XZV - 102 用继电器	—	输出断开
		XZV - 103	阀体	工装 501T	R103 蒸汽回切断阀	FC	关闭
			执行机构	工装 5235			
			电磁阀	ASCO8551	XZV - 103 电磁阀	常闭线圈	失电闭合
			继电器	辰竹 CZSR	XZV - 103 用继电器	—	输出断开
3	逻辑关系	当 PZT - 101 超过 0.2MPa 时，联锁关闭 XZV - 101（1oo1），关闭 XZV - 102、XZV - 103（2oo2），整体 2oo2					
4	安全位置	XZV - 101、XZV - 102、XZV - 103 关闭					
5	响应时间	＜10s					
6	旁路要求	PZT - 101 在 SIS 操作站设置维修软旁路软开关					
7	复位要求	SIS 操作站上设置复位软按钮					
8	手动联锁要求	在反应釜 R101 周边设置紧急联锁按钮；在操作室辅助操作台上设置硬按钮，并设置报警灯及喇叭					
9	接口要求	PZT - 101 通信至 DCS 显示报警；XZV - 101、XZV - 102 阀位开关信号通信至 DCS 显示					
10	设备失效模式	(1)压力变送器失效模式：输出冻结、电流达到下限、输出漂移或不稳定为危险失效；电流达到上限为安全失效； (2)继电器、电磁阀：电磁线圈老化为危险失效； (3)切断阀：阀门卡死、阀内件密封失效为危险失效					

11	降低共因失效措施	(1)反应釜 R101 上进入 DCS 和 SIS 的压力变送器、安全栅分别选用不同品牌的产品； (2)压力变送器不共用取压口； (3)压力变送器信号进入不同 I/O 卡件； (4)DCS 和 SIS 输出至执行单元的继电器、电磁阀、执行机构、阀体也均选用不同品牌，切断阀选用不同结构型式的阀内件，避免 DCS 控制与 SIS 联锁的共因失效
二、安全完整性等级要求		
1	SIL 目标	SIL 1
2	PFD_{avg}要求	< 0.1
3	诊断功能要求	变送器选用智能型变送器，带 HART 协议，并送至 AMS 系统中；安全型逻辑控制器采用 2oo3 表决结构
4	误动率等级要求	STL 2
5	STR 要求	< 0.01
6	使用寿命要求	10 年

5.3 小 结

以往，自控专业设计人员在接收工艺专业提出的联锁要求(文字描述或因果图)、仪表工艺参数条件表、SIL 定级报告等条件后，根据相关标准规范编制 SIS 设计文件即可；后续在做 SIL 验证时，再将相关设计、采购信息填写至 SIL 验证报告中(SIL 验证也可以由非设计单位负责)。这就导致了单独的 SRS 文件在实际工程项目中出现较少。

SRS 在 IEC61058、IEC61511 中均给出了内容组成，但具体格式由编制单位自行确定，并没有统一要求，可以是单独的 SRS 文件，也可以是表 5.5 中多个文件的组合。

表 5.5 SRS 的文件组合

序号	文件名	备 注
1	SIS 设计说明	项目概述
2	SIS 技术规格书	SIS 通用要求、安全型逻辑控制器的硬件和软件要求
3	SIS 联锁逻辑图	SIF 的安全功能要求

续表

序号	文件名	备　注
4	SIS – IO 表	量程、联锁值等数据
5	仪表数据表	体现设备类型、技术要求、诊断要求等
6	SIL 定级报告	SIF 安全完整性等级要求
7	采购清单	体现设备品牌、型号等

　　不论是一份单独的 SRS 文件，还是多个文件的组合，只要能够充分描述 SIS 设计、SIL 验证需要的信息即可。但在有些年代久远的或资料管理不完善的企业，图纸丢失或缺少均不利于工艺、自控、安全等人员掌握企业的安全仪表系统相关内容。对于大型装置，设计资料、采购资料等文件繁多，查找不便同样不利于安全仪表系统相关内容的掌握和管理。因此，对于生产企业而言，在项目建设完成后，有必要组织企业人员、设计单位或第三方咨询公司编制 SRS 文件，汇总、梳理图纸等信息，方便以后工作中查阅及安全仪表系统的管理。

参考文献

[1]张建国. 安全仪表系统在过程工业中的应用[M]. 北京：中国电力出版社，2010.

[2]张建国，李玉明. 安全仪表系统工程设计与应用[M]. 北京：中国石化出版社，2017.

[3]丁辉，靳江红，汪彤. 控制系统的功能安全评估[M]. 北京：化学工业出版社，2016.

[4]冯晓升，熊文泽，潘钢，等. GB/T 20438—2017 电气/电气/可编程电子安全相关系统的功能安全[S]. 北京：中国标准出版社，2017.

[5]国际电工委员会. IEC61511—2016 Functional safety – Safety instrumented systems for the process industry sector[S]. 2016.

[6]王立奉. 安全仪表系统中紧急切断阀的部分行程测试[J]. 仪器仪表标准化与计量，2009，5：9 – 14.

[7]王乃民，刘鸿雁，赵笑寒. 部分行程测试在海洋平台的应用研究[J]. 自动化仪表，2015，36(4)：32 – 36.

[8]冯晓升. 功能安全的基本方法[J]. 仪器仪表标准化与计量，2007，2：15 – 18.

[9]史学玲. 安全仪表系统与设备的失效分析与控制[J]. 仪器仪表标准化与计量，2008，2：17 – 23.

[10]石颉，王公展，刘玉杰，等. 电源模块的失效分析与老化状态检测[J]. 电源技术，

2012，36（2）：232－234.

［11］林洪俊. 石油化工安全仪表系统人机接口设计与研究［J］. 石油化工自动化，2015，51
（5）：13－18.

［12］林洪俊. 炼油厂仪表供电方案研究［J］. 石油化工自动化，2014，50（6）：8－12.

［13］Johan Hedberg. Safety requirements specification guideline［R］. SP Swedish National Testing and
Research Institute，2005.

第6章 SIS 设计

SIS 的设计文件是自控专业设计工作成果之一，通常包括 SIS – I/O 表、SIS 联锁逻辑图、SIS 技术规格书等。

SIS 联锁逻辑图和可燃(有毒)气体检测器平面布置图是自控专业为数不多的需要审查的图纸，通常作为安全设施设计专篇的附件。P&ID 需要工艺与自控专业共同绘制，属于自控专业的工作成果之一，也是开展自控设计的基础性文件。

6.1 联锁逻辑

表示联锁关系的方法有文字(联锁描述)、表格(因果表)和图形(联锁逻辑图)的方式，三种方式各有优缺点。文字描述不需要太多专业基础知识，但联锁关系较为复杂时，文字描述不如图表的方式直观；因果表应用较为广泛，原因和结果对应关系明了，但联锁关系较为复杂时表格内容较多，且因果表内文字有横有竖，给设计和编程人员带来读表困扰；联锁逻辑图对专业知识要求较高，但逻辑关系明确且不会产生歧义。

工艺专业提交给自控专业的设计条件可以是联锁描述或者是因果表，自控专业的 SIS 设计文件形式可以是因果表或者是联锁逻辑图。为方便读图，联锁描述可作为图、表的补充。

6.1.1 图例符号

联锁逻辑图的绘制可参考《过程测量与控制仪表的功能标志及图形符号》(HG/T 20505—2014)、《过程用二进制逻辑图》(SHB – Z03 – 95)。表 6.1 为常用的图例符号及真值表。

表6.1　常用逻辑图符号

序号	符号	名称	逻辑	真值表/时序图
1	A ─ AND ─ C B ─ 或 A ─ & ─ C B ─	与门	只有当所有输入为1时，则输出为1	A 0 1 0 1 B 0 0 1 1 C 0 0 0 1
2	A ─ OR ─ C B ─ 或 A ─ ≥1 ─ C B ─	或门	任何一个输入为1，则输出为1	A 0 1 0 1 B 0 0 1 1 C 0 1 1 1
3	A ─ NOT ─ B 或 A ─○─ B	非门	输出与输入状态相反，如输入为1，输出则为0	A 0 1 B 1 0
4	A ─ AND ○─ C B ─ 或 A ─ & ○─ C B ─	与非门	输出值和与门相反	A 0 1 0 1 B 0 0 1 1 C 1 1 1 0
5	A ─ OR ○─ C B ─ 或 A ─ ≥1 ○─ C B ─	或非门	输出值和或门相反	A 0 1 0 1 B 0 0 1 1 C 1 0 0 0
6	A ─ * ─ C B ─ 或 A ─ * ─ C B ─	逻辑门	当输入满足逻辑要求时候输出1	*表示判断逻辑，常用的有： MooN　N 取 M ＝　　等于 ≤　　小于等于 ≥　　大于等于

续表

序号	符号	名称	逻辑	真值表/时序图
7	A—[t 0]—B 或 A—[DI t]—B	0 – 1 延时	当输入为1的 t 时间后输出为1，当输入为0时立即输出0	输入 / 输出（时序图，延时 t）
8	A—[0 t]—B 或 A—[DT t]—B	1 – 0 延时	当输入为1立即输出1，当输入为0的 t 时间后输出为0	输入 / 输出（时序图，延时 t）
9	A—[t]—B 或 A—[P0 t]—B	上升沿触发器	当输入由0变1时，输出即变为1，经过时间 t 输出为0。输出状态的长短与输入信号1状态的长短无关	输入 / 输出（时序图，脉宽 t）
10	[S Q / ®R 非Q]	RS 触发器（R 优先）	S（SET）置位，R（RE-SET）复位，R 优先级高于S。当R和S同时输入0时输出保持上一个状态值不变	S: 1 1 0 0；R: 0 1 1 0；Q: 1 0 0 保持；非Q: 0 1 1 保持
11	[Ⓢ Q / R 非Q]	SR 触发器（S 优先）	S 优先级高于R	S: 1 1 0 0；R: 0 1 1 0；Q: 1 1 0 保持；非Q: 0 0 1 保持

6.1.2 正逻辑与负逻辑

《信号报警及联锁系统设计规范》（HG/T 20511—2014）规定：非安全联锁系统的逻辑设计可采用正逻辑（正逻辑是指联锁输入信号触发时为高电平或布尔量为"1"），安全联锁的逻辑设计可采用负逻辑（负逻辑是指联锁输入信号触发时为低电平或布尔量为"0"）；当传感器采用开关量仪表时，开关一般都选择常闭型，即正常时闭合，达到联锁设定点时断开（联锁输入信号触发时，布尔量为"0"）；当逻辑控制器处于初始状态或故障状态时，软件中的布尔量为"0"；故安全联锁系统的逻辑设计采用负逻辑。

《石油化工安全仪表系统设计规范》(GB/T 50770—2013)中规定：应用软件的逻辑功能应采用布尔逻辑及布尔代数运算规则，应用软件的逻辑设计宜采用正逻辑。

HG/T20511 中的安全联锁逻辑设计可为负逻辑，而 GB/T 50770—2013 中应用软件的逻辑设计宜采用正逻辑。出现这样的差异主要是对正逻辑、负逻辑的定义不同。HG/T20511 定义：输出 1 联锁的叫正逻辑，输出 0 联锁的叫负逻辑。而电子电路、逻辑门运算却有其自己的定义，即把用高电平表示逻辑 1、低电平表示逻辑 0 的规定称为正逻辑；反之，把用高电平表示逻辑 0、低电平表示逻辑 1 的规定称为负逻辑。

以表 6.1 中的与门为例，当输入均为高电平时，输出为高电平。图 6.1 为正、负逻辑的两种画法。因负逻辑中高电平表示逻辑 0，故需取反后，再进行逻辑判断，如图 6.1(a)所示，真值表见表 6.2。

(a)正逻辑   (b)负逻辑

图 6.1 　与门的正、负逻辑画法

表 6.2 　正逻辑与门真值表

A	高电平1	高电平1	低电平0	低电平0
B	高电平1	低电平0	高电平1	低电平0
C	高电平1	低电平0	低电平0	低电平0

若是负逻辑的画法，图 6.1(b)的真值表见表 6.3。可以看出，负逻辑的与门等同于正逻辑的或门。

表 6.3 　负逻辑与门真值表

A	高电平0	高电平0	低电平1	低电平1
B	高电平0	低电平1	高电平0	低电平1
C	高电平0	低电平1	低电平1	低电平1

负逻辑与高电平为 1 的思路相反，故绘制联锁逻辑图一般采用正逻辑。在组态时，传感器单元信号未触发联锁值时输出为 1，触发联锁值时输出为 0。软件内部逻辑运算也是如此，用输出 0 代表联锁触发。

6.1.3 逻辑图绘制

联锁逻辑图可采用 CAD、VISIO 等图形绘制软件进行绘制。因图形绘制、复制和粘贴方便，CAD 应用较为广泛，但当联锁逻辑较多且图纸之间有信号引用时容易出错。可采用专业的联锁逻辑图软件 SmartCtrlLogic(作者范文进。可关注"自控猫"微信公众号并进行免费下载)进行绘制，图 6.2 为软件界面。

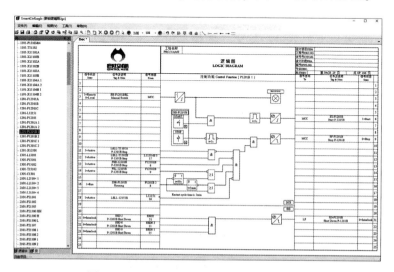

图 6.2　SmartCtrlLogic 联锁逻辑图绘制软件

不同的逻辑符号进行组合，可以实现多种逻辑功能。不同的组态方式可以使系统降级模式有所区别，造成系统降级后的可靠性和可用性有很大区别。以现场 2oo3 冗余表决结构的仪表为例，图 6.3 中软件内部输出 0 表示触发联锁。若输入 A 旁路后，旁路开关输入 1，则 2oo3 结构降级为 2oo2；只要 B 和 C 中有一个发生危险失效，2oo3 结构危险失效，输出 1。

将图 6.3 组态方式改为图 6.4，若输入 A 旁路后，旁路开关输入 1，经过取非后 A 通道等同于联锁触发，这时只要 B 和 C 里面有一个未发生危险失效，2oo3 结构就不会发生危险失效，2oo3 降级为 1oo2 结构，提高了安全性。

工程实践中往往使用图 6.3 所示的组态方式，但是需要特别注意的是，当系统由 2oo3 结构降级为 2oo2 结构后，所涉及 SIF 回路的 SIL 等级是否还能够满足安全需求。若不能满足需求，而设备又无法在短时间内进行修复，这种情况建议采用图 6.4 所使用的组态方式。

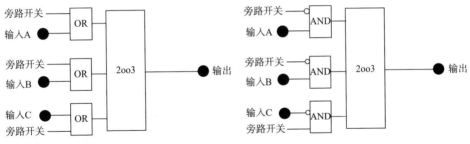

图6.3　2oo3 表决的旁路设置(Ⅰ)　　　　图6.4　2oo3 表决的旁路设置(Ⅱ)

案例6-1

当反应釜 R101 的温度 TZT-101 超过120℃或者压力 PZT-101 超过0.2MPa 时,联锁关闭进料切断阀 XZV-101,蒸汽进、出切断阀 XZV-102 和 XZV-103(工艺联锁描述),对应的因果表见表6.4。

表6.4　因果表

位号	用途	联锁值	XZV-101	XZV-102	XZV-103	备注
TZT-101	R101 温度	120℃	关	关	关	10s 内关闭
PZT-101	R101 压力	0.2MPa	关	关	关	10s 内关闭

联锁逻辑图如图6.5所示。

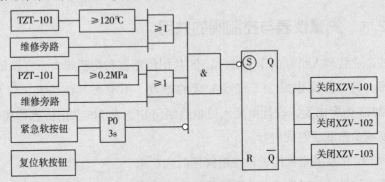

图6.5　联锁逻辑图

温度变送器 TZT-101 和压力变送器 PZT-101 的信号进 SIS 控制系统后,经过逻辑门(≥)比较,温度超过120℃逻辑门输出0,压力超过0.2MPa 逻辑门也输出0;对于温度变送器和压力变送器,SRS 要求设置维修旁路,故维修旁路与变送器组成或门,当按下维修旁路开关后(维修旁路输出1),或门输出1,故不影响后续的与门判断;紧急软按钮按下后输出1,

非门后输出 0；当超温、超压或者紧急按钮任一条件触发时，与门输出 0，取反后置位 RS 触发器，非 Q 输出 0，现场切断阀 XZV-101/102/103 的电磁阀失电，进入安全位置；当现场恢复正常后，按下复位软按钮进行 RS 触发器的复位。

6.2　SIS 的独立性

SIS 是否需要独立设置一直困惑着自控设计人员，主要的困惑在于传感器和切断阀是否要独立设置。

《石油化工安全仪表系统设计规范》（GB/T 50770—2013）关于 SIS 与 DCS 共用传感器或执行单元部分的要求如下：

SIL 1 级安全仪表功能，测量仪表可与基本过程控制系统共用；SIL 2 级安全仪表功能，测量仪表宜与基本过程控制系统分开；SIL 3 级安全仪表功能，测量仪表应与基本过程控制系统分开。

SIL 1 级安全仪表功能，控制阀可与基本过程控制系统共用，应确保安全仪表系统的动作优先；SIL 2 级安全仪表功能，控制阀宜与基本过程控制系统分开；SIL 3 级安全仪表功能，控制阀应与基本过程控制系统分开。

6.2.1　测量仪表与控制阀的共用

一些企业管理人员倾向于 DCS 和 SIS 共用传感器和切断阀，一方面是从投资角度考虑，另一方面也减少了现场配管的难度。不考虑其他因素，仅从 GB/T 50770—2013 内容出发，设计单位人员也会倾向 DCS 和 SIS 共用传感器和切断阀，以大幅度减少图纸绘制的内容。

SIS 与 DCS 共用测量仪表和控制阀见图 6.6。

传感器信号经过设置在 SIS 机柜的一进两出式安全栅（或信号分配器）后分别进入 DCS 和 SIS，见图 6.7。

图 6.6 中，DCS 和 SIS 共用一个控制阀，DCS 负责调节，SIS 负责联锁开关。当 DCS 和 SIS 共用一个切断阀时，DCS 和 SIS 分别控制切断阀上的串联电磁阀，如图 6.8 所示（图中切断阀选用的是单作用执行机构）。SIS 控制的电磁阀长期得电，处于开启状态，阀门的启闭由 DCS 控制的电磁阀控制。当发生紧急情况时，SIS 控制的电磁阀失电（联锁），使阀门处于安全位置。串联的电磁阀保证了 SIS

动作的优先性。

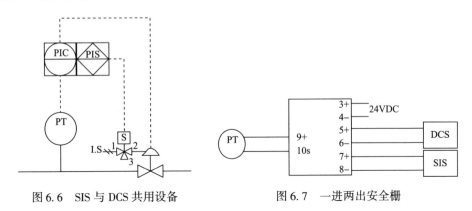

图6.6 SIS与DCS共用设备   图6.7 一进两出安全栅

图中V2为SIS控制的电磁阀，V1为DCS控制的电磁阀，两个电磁阀的配置是不一样的。V2属于SIF回路的一部分，需要执行安全功能，要求低功耗长期带电开启，断电闭合。V1是普通电磁阀，不带电工作，DCS动作时V1得电开启(本案例中不讨论V1带电工作的情况)。

正常情况下，V1失电1、2通，V2得电1、2通；DCS通过控制V1的气路流通从而控制切断阀的启闭；SIS动作时V2失电2、3通，阀门失去气源，弹簧复位使其置于故障(安全)位置。

图6.8中，SIS电磁阀关闭后切断了执行机构的气源，切断阀失气后到达故障(安全)位置，但有时联锁安全位置会和故障位置不一致。例如，危险工艺反应釜温度高，需紧急打开釜底阀将物料转移到泄放槽内，釜底阀的故障状态是FC，此时需配置储气罐实现安全联锁。如图6.9所示，切断阀选用的是单作用执行机构。

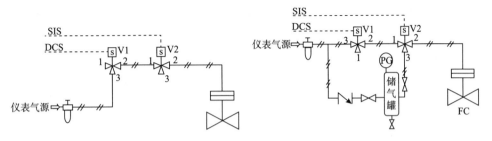

图6.8 SIS与DCS共用切断阀(单作用)   图6.9 带储气罐的切断阀(单作用)气路图

在正常情况下，SIS控制的电磁阀V2得电让1、2通，这时阀门的开启均由DCS进行控制，V1失电的时候阀门处于故障位置FC；在发生联锁时，V2失电

2、3通，由储气罐供气打开阀门，使阀门处于安全位置。储气罐可随阀门成套提供，其容量为满足阀门 2 次全行程动作所需要的气量。

某些工程项目中存在 DCS 向 SIS 发送联锁信号的情况，如图 6.10 所示。当温度变送器信号进入 DCS，温度超过 200℃ 时，DCS 输出一个 DO 信号给 SIS，SIS 联锁关闭蒸汽切断阀。此情况应极力避免，因为在该情况中，DCS 也是 SIF 回路的一部分，大大提高了 SIF 回路的失效概率，且 DCS 设计也非安全型设计，很多未知的失效模式可能会导致 SIF 功能无法实现。

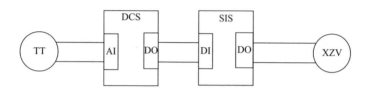

图 6.10　DCS 信号参与 SIS 联锁

随着 LOPA 的推广和普及，在使用 LOPA 方法进行风险分析时，上述 DCS 与 SIS 共用设备的方案就受到了挑战。DCS 和 SIS 共用传感器、切断阀，若因变送器故障(如压力变送器显示过低)或切断阀故障(如阀杆卡死)，则在 DCS 控制回路失效时，SIS 也无法将装置置于安全状态。

6.2.2　控制系统的共用

在某些产品的技术方案中，有 DCS 控制回路与 SIS 联锁回路分别使用独立的 IO 模块，共用处理器模块的做法。

IEC61508.2 规定："如果同一套安全相关系统既执行非安全功能又执行安全功能，需加倍谨慎。虽然这是标准所允许的，但这将会导致执行安全生命周期活动(例如设计、确认、功能安全评估和维护)的过程更加复杂并使难度增加。"

当 DCS 与 SIS 共用系统时，应遵守如下要求：

(1)当安全相关系统既执行安全功能又执行非安全功能时，除非能够表明实现安全功能和非安全功能是充分独立的(也就是说，非安全功能的失效不会引起安全功能的危险失效)，否则所有的软硬件都应被视为与安全相关。

(2)当 SIS 要实现不同 SIL 的 SIF 时，共享或通用硬件、嵌入式软件和应用程序应符合最高的 SIL。

(3)不同 SIF 的嵌入式软件或应用程序可以在同一设备中共存，前提是可以证明较低 SIL 的 SIF 不会对较高 SIL 的 SIF 产生负面影响。

(4)如果可以证明过程控制系统的故障不会影响安全仪表系统的安全仪表功能，则 SIS 装置也可用于基本过程控制系统的功能。

共用系统部分的方案提高了对 DCS 控制回路的要求。但从投资、设计、审查等角度综合来看，该方案并不具备太大的优势。

SIS 与 DCS 分开可以起到以下作用：

(1)减少或避免共因失效，最大限度地减少 DCS 故障对 SIS 的影响；

(2)方便 DCS 系统的变更、维护、测试，提高文档管理的灵活性；

(3)有利于安全仪表功能(SIF)的验证和功能安全评估；

(4)可以增强 SIS 系统的网络安全性，使得 DCS 系统功能或数据的修订不会影响 SIS 系统；

(5)确保安全仪表系统分析工作的准确性，以确保正确设计、验证和管理。

6.2.3 完全独立设置

SIS 与 DCS 不仅仅是系统部分独立设置，变送器单元、执行单元均独立设置已逐步成为行业共识，见图 6.11。

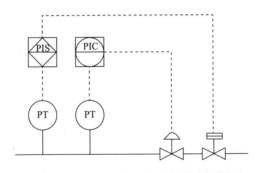

图 6.11 独立设置的现场变送器及切断阀

独立设置的变送器、切断阀减少了 DCS 控制回路和 SIS 联锁回路同时失效的概率，同时方便日常对 SIS 相关现场设备的维护。

DCS 和 SIS 可以通信的方法进行数据交换，同品牌的 DCS 和 SIS 可通过交换机进行数据交换，不同品牌的 DCS 和 SIS 可通过 Modbus 等通信方式实现数据传输。

6.3 其 他

恰当的选型、正确的安装对于安全仪表功能的实现至关重要，而后期的维护无法弥补前期设计和安装上的缺陷。

6.3.1 安全功能认证

部分设备厂家支付高额的费用、消耗漫长的时间取得权威机构的安全功能认证，这势必会出现抬高市场准入门槛，让没有取得安全功能认证证书的供货商无法进入项目中参与竞争。那么进入 SIS 的传感器及执行元件必须有安全功能认证吗？

从技术角度来看，并不是和 SIS 相关的设备都必须采用安全功能认证的设备，相关的标准也没有强制规定。企业可以根据以往使用经验选择质量可靠的设备，而不完全依赖认证。

因越来越多的设计文件要求设备取得 SIL 认证，为了能够参与市场，提高竞争力，国内仪表设备取得安全功能认证是必然趋势。

现场设备常见的有温度、压力、流量、液位、切断阀、分析仪表，其中温度、压力、流量、液位变送器品牌众多，取得 SIL 认证的也有很多；在线分析仪因响应滞后、测量误差大等问题参与安全联锁的不多，取得 SIL 认证的产品也寥寥无几。

切断阀由电磁阀、执行机构、阀体、空气过滤减压器和阀位开关组成，有整体认证的(执行机构 + 阀体)，也有执行机构、阀体分开认证的。空气过滤减压器失效时执行机构将失去气源，阀门会回到故障位置；若故障位置与安全位置不一致，则需设置储气罐。故空气过滤减压器一般不参与 *PFD* 的计算，其安全完整性等级也无相关要求(市场上有经过安全功能认证的空气过滤减压器)。若阀位开关不参与安全联锁只作为显示用时，其失效概率一般无特殊要求，阀位开关信号可以进入 SIS 系统也可以进入 DCS 系统；若阀位开关参与安全联锁，进入 SIS 系统则需考虑其失效概率。

和电气设备相关的信号，包括电机的运行状态、故障状态、远程启/停等，一般以配电回路的继电器为界，故继电器是 SIF 回路的组成部分。设备的电流(功率)信号则以电流变送器为界，电流变送器也是 SIF 回路的组成部分。

　　SIF 回路中的辅助仪表，如安全栅、继电器、浪涌保护器等，均可选择取得 SIL 认证的产品，其中安全型继电器用于安全仪表系统中信号隔离和执行机构驱动。安全型继电器相比较于普通继电器，内部采用冗余容错技术，以及三重冗余和内部触点熔丝保护的设计，使得其能够达到 SIL3。

6.3.2　设备选型

1. 温度仪表

　　GB/T 50770—2013 中对 SIS 现场设备选型提出了一些特殊要求，安全仪表系统应减少中间环节，避免过多的中间设备而降低安全性和可靠性。

　　为了减少中间环节，温度联锁回路的传感器单元可以只采用热电阻或热电偶，使得信号直接传输到安全型逻辑控制器的 RTD/TC 卡上。若安全型逻辑控制器无温度输入卡件，可采用导轨式温度变送器（温度安全栅）将信号转换成 4～20mA 输入至 AI 卡上。此导轨式温度变送器安装在机柜间的机柜内，也需取得安全完整性等级认证。导轨式温度变送器相比于分体式温度变送器，价格便宜且工作环境优于现场。

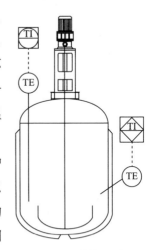

　　以往，反应釜的温度多采用双芯热电阻的方法，一个进 DCS 一个进 SIS。现在某些项目安全审查时，提出进 SIS 的反应釜温度检测仪表需要独立设置。不锈钢反应釜可以定制，且用于重点监管危险工艺场合温度检测，见图 6.12。不锈钢反应釜可设置独立的温度检测单元，分别进 DCS 和 SIS 系统。

　　搪玻璃反应釜是定型产品，只有一个温度计保护套管，其温度检测独立设置较为困难。改造项目可以考虑采用两根热电阻安装在同一温度计保护套管中的方法。这种方法尽管设置了独立的热电阻，但仍共用了温度计保护套管，在有些项目审查中依然提出了异议。为了做到完全物理上的独立设置，可定制双温度计保护套管的反应釜，或对已有的反应釜进行管口改造。

图 6.12　不锈钢反应釜
温度检测

　　搪玻璃反应釜另外一种温度检测独立设置的方法，是通过釜底测温阀实现反应釜独立温度的设置。图 6.13 为搪瓷测温放料阀。

图 6.13　釜底测温阀

釜底测温阀尽管解决了共用温度计保护套管的问题，从感官上做到了彻底独立设置，但这种设置方法也有缺陷——因两个温度计的测点位置不同，导致测量值差别较大，尤其是当反应釜内液面低于顶装式温度计保护套管端部时，顶部温度变送器测量的是气相温度，底部温度变送器测量的是液相温度，气相温度小于液相温度。当釜底有固体时，底部的温度计往往测量不准。

2. 变送器

安全仪表系统中的变送器可选用隔爆型产品，以减少安全栅环节。至于 SIS 的变送器是否要带表头显示，这个各有利弊。仪表带表头显示可对比 SIS 系统的显示值，方便调试和故障排查；但显示模块因为增加了很多元件，提高了设备的失效率，甚至某些未知的失效会影响安全功能的实现；当进入 DCS 和 SIS 的两个变送器现场显示数值不一致时，则会给操作人员及仪表维护人员带来困扰。

对于常见的压力变送器做 2oo3 表决时，共用取压装置会因取压管堵塞或损坏、取压阀误关闭而造成共因失效（见图 6.14），这是不合理的安装方式。同理流量计做 2oo3 表决时也需考虑此问题。为了避免共因失效，可选用不同型式的流量计构成 2oo3 结构，不建议使用同一个孔板设置三个差压变送器测量流量的方式。

同时要尽量减少开关类的仪表参与 SIS 的联锁，如温度开关、压力开关、流量开关等，在满足要求的情况下优选温度变送器、压力变送器、流量变送器等，避免开关触点的黏合影响安全功能。另外，模拟量仪表能够随时感知并变送现场参数的变化，当仪表故障时，操作人员能够及时地发现并处理。对于常见的液位开关，可选用输出 Namur 信号的产品，配合开关量安全栅使用，如图 6.15 所示。阀位开关也可选用输出 Namur 信号的产品。

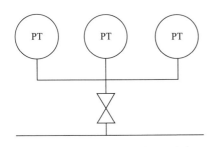

图 6.14 压力变送器三取二(示意)

图 6.15 Namur 信号开关回路

进入 SIS 的仪表设备电缆敷设,采用单根的方式相比于接线箱更能避免因接线箱进水或端子松动带来的故障及误停车。

3. 阀门

对于大型储罐区,当进出料管道口径较大(DN600 ~ DN1000)时,气动执行机构因体积、造价等制约,其应用受到了限制,以往设计中多采用电动执行机构。罐区用 DCS 实现液位高低联锁,当液位高时,联锁关闭储罐根部电动阀防止冒顶。因罐容较大,故允许较长的关闭时间。以电动球阀为例,全行程时间(从全开到全关)参考表 6.5,同口径、压力等级的直行程电动阀全行程时间要更长。

表 6.5 电动球阀全行程时间(参考)

软密封固定球阀		硬密封固定球阀		时间/s	功率/kW
150Lb	300Lb	150Lb	300Lb		
4″、6″	4″、6″	4″	—	12 或 24	0.09
8″	8″	—	4″	14 或 28	0.09
10″	10″	6″	6″	7、14 或 28	0.18
12″、14″	12″、14″	8″	8″	45	0.18
16″ ~ 20″	16″、18″	10″	10″	40	0.4
22″	20″	12″、14″	12″	65	1.1
24″	22″	16″	14″	65	1.1
26″	—	—	—	85	1.5
28″	24″	18″	16″	85	1.5
30″、32″	26″	20″	18″	85	1.5
34″、36″	28″	22″、24″	—	95	3.0
38 ~ 42″	30 ~ 36″	—	20″	95	3.0

除了全行程动作时间外，电动执行机构的故障位置也决定了其不宜用在 SIF 回路中。小扭矩的电动执行机构可以通过后备电源(超级电容)或弹簧实现故障位置；大扭矩的电动执行机构因后备电源体积大、成本高、实现复杂，失电后的阀门会保持在原有位置，无法使 SIF 回路处于安全状态。

在有气源的场合，当大口径管道切断阀使用单作用执行机构实现困难或造价过高时，可采用双作用执行机构配套储气罐实现故障位置，见图 6.16。

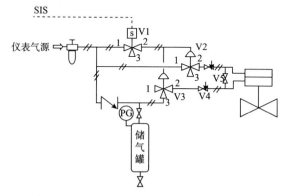

图 6.16　带储气罐的双作用执行机构气路
V1—电磁阀；V2/V3—三通气控阀；V4—减速阀；V5—平衡阀

在正常工作时，V1、V2、V3 均为 1、2 通；气源故障时，V2、V3 为 2、3 通；联锁时，V1、V2、V3 均为 2、3 通。

在没有气源时，电液联动执行机构可用来实现大口径切断阀的故障位置。电液联动执行机构是将电能转换成液压能驱动阀门动作的机、电、液一体化装置，具有输出力矩大、动作时间快、体积小、质量轻等特点，特别适用于大推力、大力矩和高精度控制的应用场合，较多应用在石油仓储、液化烃球罐、长输管线、催化裂化装置、蜡油催化装置、电厂电调系统、焦化厂焦炉控制系统等场合。

需要注意的是，用于 SIF 回路的切断阀不带手轮，从而避免因现场设置成手动状态而无法执行要求时的安全功能。

6.3.3　辅助操作台的设置

辅助操作台用来安装 SIS 的辅助开关、按钮、指示灯、报警声光显示等辅助设备如图 6.17 所示，一般设置在操作室。

辅助操作台上的辅助设备并非越多越好(密密麻麻的按钮和开关不利于紧急

情况下的判断与操作），而应选取重要设备（如压缩机）的运行状态、急停按钮及关键报警灯等设置在辅助操作台上。辅助操作台的设置应综合考虑生产装置的实际情况，设计单位应与建设单位尤其是生产管理人员一起探讨和沟通，设置一个合理的方案。

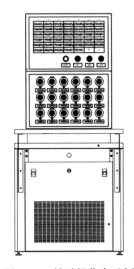

图6.17　辅助操作台示例

一般报警可以在 SIS 或 DCS 操作站上实现，下列报警信号可以考虑在辅助操作台上设置报警指示灯：

（1）安全仪表系统故障报警；

（2）关键工艺参数报警；

（3）手动紧急停车按钮触发报警，可提醒操作人员有特别紧急情况发生，做好应急准备；

（4）联锁输出报警，可提醒操作人员注意观察联锁保护动作结果；

（5）旁路综合报警。

大型企业会将操作站集中设置在中心控制室，将 DCS、SIS 机柜设置在现场机柜间。若中心控制室与现场机柜间的距离较远时，辅助操作台与 SIS 机柜可采用图 6.18 中的远程 I/O 接口或远程控制器方式进行信号连接，通信光纤可考虑用两种不同的敷设路径进行敷设，以降低共因失效概率。

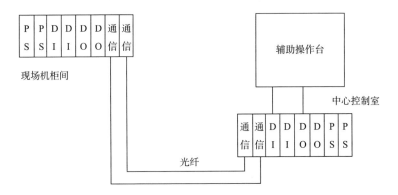

图6.18　SIS 远程 IO

6.3.4　供电设计

SIS 的用电要求和 DCS 一样，按照一级负荷中特别重要的负荷进行设计，采用 UPS 进行供电。工厂里面用到 UPS 的地方很多，除了 DCS 和 SIS 外，还有火灾报警系统、GDS、视频监控系统 CCTV、厂区二道门禁系统、周界安防系统等。故需考虑 UPS 是独立设置还是厂区集中设置的问题。

独立设置的 UPS 较为灵活，布线简单，可以配套不同数量的电池组满足后备时间的要求，但多个散落在厂区各个房间的 UPS 不如集中设置的 UPS 方便管理；集中设置的 UPS 向各个用电设备供电时，电缆敷设工作量大；若市电停电时，UPS 切换发生故障则会导致各用电设备断电，影响较大。在设计过程中，还存在用电设备在提电负荷时考虑裕度过大，导致 UPS 容量选择过大并长期运行在低负荷状态下，从而影响 UPS 的使用寿命。

UPS 是单独设置还是集中设置，取决于各企业的实际情况。若全厂只有一个中心控制室，则可考虑设置集中的 UPS；若全厂有多个现场机柜间或控制室，可以考虑局部 UPS 集中设置和 UPS 单独设置相结合的方案。

控制系统可以采用单 UPS、双 UPS、三 UPS 的方案供电。

图 6.19 为一路市电、一路 UPS 的供电方案。

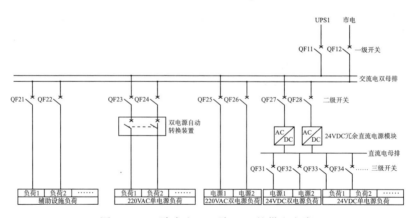

图 6.19　一路市电、一路 UPS 的供电方案

市电和 UPS 分别进入冗余的 24VDC 直流电源模块，给现场 24VDC 设备（电磁阀、变送器等）供电。有一些设计方案区分了外部电源和内部电源，另设一组冗余 24VDC 电源模块，给系统内部设备（IO 卡件、处理器等）供电。220VAC 用电设备（如交换机、操作员站等）可接至 UPS 供电回路；也有一些设计方案会设置 STS（Static Transfer Switch）静态切换开关，市电和 UPS 供电经 STS 切换成一路后给 220VAC 设备供电。

单 UPS 存在市电失电时 UPS 切换失败的可能，这样会造成装置误停车。为了降低装置误动率，可采用双 UPS 进行供电。

图 6.20 为双 UPS 的供电方案。双 UPS 相比于单 UPS 方案，主要区别体现在 220VAC 用电设备分配上。双 UPS 输入的 220VAC 可以采用静态切换开关 STS 给用电设备供电（可以在起始段切换，也可以在用电端切换），也可以分组进行供电。

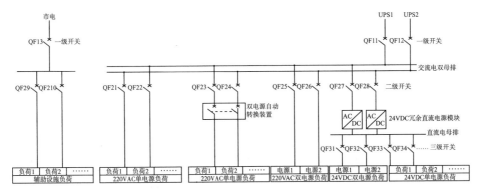

图 6.20　双 UPS、一路市电供电的方案

很多 DCS 和 SIS 控制系统的供电方案，会区分辅助用电设备，如机柜内风扇、照明等。这类用电设备未被归纳到一级用电负荷中，故常采用市电进行供电。如果市电丢电时机柜照明照度不足，那么这并不利于机柜内部的应急维护。一些大型的建设项目会使用三 UPS 供电的方案，其中的一路 UPS 专门负责给机柜照明等辅助用电设备供电。

6.3.5　时钟同步

在控制系统中，趋势、报警、事件记录等都与时间相关，因此整个系统始终保持统一的时钟很关键。如果操作站和控制站时间不同步，操作站上显示的事件、趋势等就不能真正反映出现场实际变化的时间，不方便后续追溯。

对于有多套不同控制系统的装置，如 DCS、SIS、PLC、CCS 等，这些系统内部各自拥有独立的时钟。由于时钟产品质量存在差异，因此在对时精度上也存在一定的偏差。同时，系统的时间是由电子设备内部的石英晶体震荡而产生的，由于各个系统时钟晶振频率及稳定性存在差异，即使电子设备时间的初始值一致，在运行一段时间后，各节点电子设备的时钟仍会逐渐地变得不同步。

《石油化工分散控制系统设计规范》（SH/T 3092—2013）规定：DCS 应具备使

网络中各个节点的时钟同步的功能；宜由 DCS 向第三方应用计算机或网络发布时钟同步信号；节点数量大于 50 的网络宜设置时钟同步器；时钟同步器的授时精度不应低于 1ms，守时精度不应低于 $2\mu s/min$；DCS 不应采用无线通信方式的外部时钟源。其条文解释中说明了时钟同步的作用：时钟同步的目的是使系统内部和系统之间的时间标记数据一致，实际上并不需要绝对时间，只要相对时间就足够了，也不需要与某个地域时间绝对一致。DCS 内部本来就有时间同步功能。在实际应用中，当需要具有时间标记记录数据的第三方计算机设备与 DCS 同步时，系统宜采用由 DCS 发布时钟同步信号的方式。对于不用时间标记记录数据的第三方设备，不必设置时钟同步。

《石油化工安全仪表系统设计规范》（GB/T 50770—2013 ）条文解释中，安全仪表系统的逻辑控制器、工程师站、操作站等设备，可采用逻辑控制器的时钟作为时钟源，以使安全仪表系统内设备的时钟一致。大型石油化工工厂的安全仪表系统应与基本控制系统的时钟同步，可采用时钟同步系统作为时钟源。逻辑控制器与基本控制系统时钟同步的目的是，当发生事故后，对两个系统各自记录的事件的对比和追溯，可以协助查找事故原因。

系统内和系统间实现时钟同步有如下几种方法：

1. 系统内部时钟同步

对于同一个网络里面的计算机、控制系统，软件设置其中一个作为时间同步的主站，其他设备为从站，有利于保持整个网络内的节点时间同步。

2. 系统间通信同步

如 DCS 与 SIS、DCS 与 PLC 之间或者不同 DCS 品牌之间，可以通过 MODU-BS、OPC 等进行时钟同步。SIS 系统通过 MODBUS 识别 DCS 传输过来的时间参数，重新设定 SIS 系统的时钟，使时间与 DCS 保持一致。

采用通信的方式设置时钟同步，优点是经济简单，缺点是通信传输滞后等。

3. 时钟同步器同步

时钟源连接 GPS，通过 NTP(network time protocol，网络时间协议)对计算机及控制系统进行对时。图 6.21 为某炼油厂系统时钟同步网络拓扑。在这种方法中，时钟同步精确度高，缺点是资金投入较大且改造工作量较大。

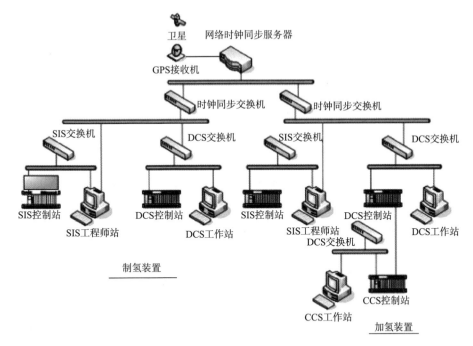

图 6.21　系统时钟同步网络拓扑

《分散型控制系统工程设计规范》(HG/T 20573—2012)中规定,DCS 通信系统宜包含一套装置时钟同步系统,以具有接收来自全球定位系统(GPS)的时钟信号的能力。《危险化学品重大危险源安全监控通用技术规范》(AQ 3035—2010)规定,系统应有时间校准功能,系统的时钟误差应≤5s/24h。存在多个子系统及远程设备时,系统宜使用全球时钟同步设备统一时钟。

6.3.6　网络安全

随着工厂信息化的建设,SIS 面临着网络攻击、病毒、木马等信息安全威胁,工业控制网络安全评估是近年来的行业热点。

IEC61508.1 要求,企业应根据合理可预见的情况确定装置和装置控制系统的危险、危险事件及危险状况(包括故障条件、合理可预见的误用和恶意或未经授权的行为),还包括所有相关的人为因素引起的问题,尤其应注意那些不常见、异常的装置运行模式。如果危险分析识别到合理可预见的恶意或未经批准的行动构成了安保威胁,那么企业还应开展安保威胁分析。

目前工业自动化控制系统主要遵循《工业通信网络 网络和系统安全》

（*IEC62443*）、*Cybersecurity Related to the Functional Safety Lifecycle*（ISA TR 84.00.09—2017）、《工业通信网络 网络和系统安全 建立工业自动化和控制 系统安全程序》（GB/T 33007—2016）、《工业自动化和控制系统网络安全 可编程序控制器（PLC）》（GB/T 33008—2016）、《工业自动化和控制系统网络安全 集散控制系统（DCS）》（GB/T 33009—2016）、《信息安全技术网络安全等级保护基本要求》（GB/T 22239—2019）等标准、规范进行信息安全评估。

SIS 的危险源主要包括非安全设备、系统和网络的接入点。危险源可能来自 SIS 系统外部，也可能来自 SIS 系统内部。风险点可能来自网络通信的连接点（如工厂管理局域网、因特网等）、移动媒体（U 盘、光盘等）、第三方设备（如受感染的工业控制系统以及其他现场仪表）或不当操作（如恶意攻击、无意识误操作）等。

一个 SIS 系统可分为核心 SIS、扩展 SIS 和外围设备三个部分，见图 6.22。

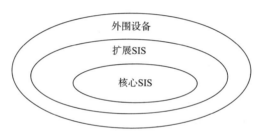

图 6.22　SIS 划分

核心 SIS 由执行安全功能所需的设备组成（如 CPU、I/O 卡件、传感器和控制阀）；扩展 SIS 包含执行安全功能不需要的设备（如工程师站）；外围设备主要是指 DCS 之类的设备和系统，不属于 SIS 范围，但与 SIS 有数据往来。

在控制网络中，SIS 与 DCS 的数据交换最为常见；SIS 与其他系统之间的数据交换应采用硬接线；SIS 设计中应确保 DCS 与 SIS 之间有足够的物理隔离。在 ISA TR 84.00.09—2017 附录 A 中，独立设置的安全型逻辑控制器（不共用处理器、软件、交换机等）与 DCS 的隔离方法有如下几种：

1. 硬接线数据传输

此种方法 DCS 与 SIS 之间没有通信信号，只通过 IO 卡件硬连接，见图 6.23。图中的传感器 1 信号输入到 DCS 的 AI 卡件后，再通过其 AO 卡件输入至安全型逻辑控制器的 AI 卡件中。

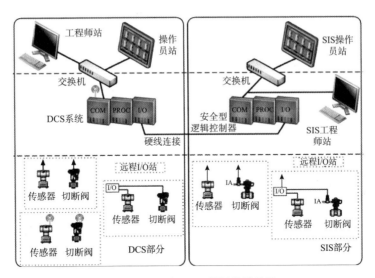

图 6.23　SIS 与 DCS 的硬接线传输

在硬接线数据传输过程中，SIS 没有并入到局域网内，故网络上的攻击对 SIS 无效，但当传输数据量多时会造成控制系统投资额的增大。

2. SIS 与 DCS 使用通信模块传输数据

SIS 与 DCS 之间通过通信模块（如 Modbus 通信卡件）传输数据，系统之间仍使用硬线连接（数据是使用通信协议传输），见图 6.24。这种方案常见于不同品牌的 DCS 和安全型逻辑控制器之间的数据传输，在工程中应用广泛。

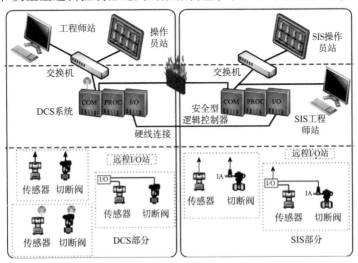

图 6.24　SIS 与 DCS 使用通信模块输出数据

在这种通信方式下，DCS 有可能对 SIS 进行攻击；局域网内的远程控制器一般无法经过此种通信方式对 SIS 进行攻击。

3. SIS 与 DCS 交换机通信

同品牌的 DCS 和 SIS 逻辑控制器可采用专用的网络通信协议进行数据传输，见图 6.25。

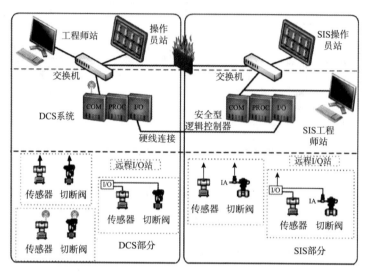

图 6.25　SIS 与 DCS 交换机通信

在这种情况下，SIS 人机界面 HMI（Human Machine Interface）或工程师站有可能受到外部网络攻击；有可能通过局域网内的远程设备修改 SIS 的数据，故要制定访问权限等措施。

GB33009.1 以区域划分、纵深防御为基础进行 DCS 系统防护，主要手段包括防护软件的部署（如系统的安全补丁、杀毒软件、入侵监测、入侵防御等）、防护设备的部署（如防火墙、网闸、安全交换机、入侵检测系统、入侵防御系统等）、技术防护（如访问控制、边界管理、管道通信等），并采取纵深防御（采取两个或多个不同机制的多层防护策略）。需要注意的是，防御措施不应影响控制系统的可用性、实时性、可靠性和安全性。

6.4　小　结

自控在设计和生产单位都是比较重要的专业，和工艺紧密结合。自控人员应积极参与 HAZOP 分析、SIL 定级分析，并参与 P&ID、控制联锁逻辑等相关讨论，不能完全被动地接受工艺专业条件进行自控设计。标准规范是设计应遵守的法则，但设计师却不能完全照搬照做，而应在项目建设过程中不断地理解规范条款并进行灵活应用。

参考文献

[1]冯冬芹，施一明，梅恪，等. GB/T 33009.1—2016 工业自动化和控制系统网络安全 集散控制系统(DCS) 第1部分：防护要求[S]. 北京：中国标准出版社，2016.

[2]王蓉，吴建民. GPS 时钟同步技术在350万 t/a 柴油加氢及其配套装置中的应用[J]. 化工自动化及仪表，2015，42(1)：101 – 103.

[3]李辉，郭涛，肖文. GE GMR 在连续重整三重化安全仪表系统中的应用[J]. 化工自动化及仪表，2012，39(12)：1651 – 1654.

[4]童秋阶，王发兵，张同科，等. HG/T 21581—2012 自控安装图册[S]. 北京：中国计划出版社，2013.

[5]王羑，王玉敏，范科峰，等. GB/T 33008—2016 工业自动化和控制系统网络安全 可编程序控制器(PLC)[S]. 北京：中国标准出版社，2016.

第7章　功能安全管理 FSM

安全生命周期中所有活动的执行者都是人和组织，任何实现目标的活动以及任何参与实现目标的组织都需要管理。与功能安全相关的管理，则为功能安全管理。

7.1　管理体系

为了有效开展功能安全管理，组织必须设计、建立、实施和保持功能安全管理体系。

功能安全管理体系的设计和建立，应结合组织的功能安全目标、产品类别、过程特点和实践经验，因此不同组织的功能安全管理体系有所不同。

设计和建立功能安全管理体系，首先要建立体系文件。体系文件和质量管理体系文件相类似，包括以下三个层次：

1. 大纲

大纲包括达到功能安全的方针、战略、评价方法、沟通方法，以及各阶段负责执行和审查的人员、部门或组织等。

2. 程序文件

程序文件是根据 IEC61508 标准要求形成的程序文件，规定了各阶段的作业程序。

3. 作业指导文件

作业指导文件是指为确保作业过程有效策划、运行和控制的作业指导文件、规定和其他文件。作业过程中的一些质量记录和表单作为程序文件或作业指导文件的附件。

功能安全管理体系是企业内部功能安全活动能够得以切实管理的基础,是功能安全得以实现和保持的基础。在功能安全管理体系建立后,功能安全管理应落实到具体项目实施中。在安全管理中,要确保危险和风险分析(如 HAZOP、LOPA 等)、验证、确认、评估、审核等活动能够得到及时跟进,确保取得功能安全并得到论证证明。

7.2 验证与确认

1. 验证

验证(Verification)是指在安全生命周期的每个阶段,通过分析或测试的方法,确保每个阶段的输出(文件、硬件或软件)符合本阶段的目标要求,保证流程的每一步交付都正确。验证活动包括设计图纸审查、SIF 回路的 SIL 验证等。

在项目开始前,需制订验证计划,包括有哪些验证活动,使用什么程序、措施和技术,何时进行验证,哪些人、部门和组织负责验证,依据什么进行验证,需要哪些工具和支持进行验证,以及当验证结果和目标不一致时应如何处理等内容。

2. 确认

确认(Validation)是用以证明安全仪表系统在安装之前或之后,各方面都满足 SRS 的要求。确认和验证不同的地方是,确认活动关注的是最终结果的正确性。确认活动包括硬件确认、软件确认和总体安全功能确认。

工厂测试验收 FAT(Factory Acceptance Testing)和现场测试验收 SAT(Site Acceptance Testing)均属于确认活动。

以逻辑控制器为例,硬件 FAT 宜包括:系统卡件、接线及附件的完整性;回路的正确配置;在某一卡件失效或失败的情况下,冗余设备的正确切换,如 CPU、供电系统、通信电缆等;射频干扰的防护;等等。软件 FAT 宜包括:通过仿真模拟及数字信号确认 I/O 信号的配置及组态正确性;联锁逻辑的组态;事件记录;等等。SAT 的主要工作内容:采用实际的输入、输出信号进行实验;启动系统并校验所有系统部件,对系统进行联调与试运行;在系统正常情况下,连续进行 72h 通电检验;在线投运后,全面考核系统运行状况,确认系统是否满足所有的技术要求。

7.3　功能安全评估 FSA

安全仪表系统在设计、安装、调试、操作、维护等过程中，可能会存在人为失误，从而影响系统的安全功能，若不及时发现会导致返工，造成安全隐患、经济损失。

功能安全评估 FSA（Functional Safety Assessment）是为了调查和判断安全仪表系统是否充分实现功能安全。FSA 是在验证、确认和功能安全审核之外进行的。

7.3.1　FSA 内容

IEC61508 规定，整体安全生命周期、安全仪表系统全生命周期和软件全生命周期的所有阶段都应进行安全功能评估 FSA，包括文档、验证和功能安全管理。FSA 可以在每个安全生命周期阶段之后或可以在几个安全生命周期阶段之后开展，最重要的是 FSA 必须在真正的危险出现之前进行。

IEC61511 中给出了开展 FSA 工作的 5 个阶段，见图 7.1。

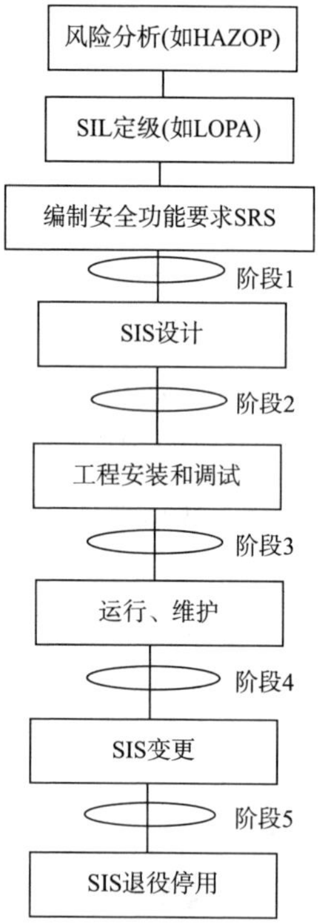

各阶段的任务和目的见表 7.1。

风险分析(如HAZOP)
↓
SIL定级(如LOPA)
↓
编制安全功能要求SRS
↓ 阶段1
SIS设计
↓ 阶段2
工程安装和调试
↓ 阶段3
运行、维护
↓ 阶段4
SIS变更
↓ 阶段5
SIS退役停用

图 7.1　SIS 功能安全评估阶段

表 7.1　FSA 各阶段任务和目的

阶段	时机	任务	目的
1	SRS 编制之后	审查 SRS	确认风险有效降低，防止返工
2	SIS 图纸设计完之后	SIS 图纸审查	确认设计符合 SRS 要求，防止返工
3	SIS 安装调试完之后	启动前安全检查 PSSR	确认装置是安全的
4	取得操作和维护经验后	根据需要定期评估	确认 SIS 有效应用
5	SIS 大的变更之后	在变更之前根据需要进行评估	确认哪些评估适用于此变更

SRS 是后续 SIS 设计、调试、验收等活动的基础性文件，故阶段 1 可对 SRS 文件进行评估：在大量工作还未开展之前确认风险评估是符合规范要求的，SRS

文件是正确无误的，防止后期返工，造成投资浪费、工期延误。阶段1的FSA工作所需资料和评估重点见表7.2，表7.2中的"上一阶段"是指SRS编制之前的输入文件(提供给SRS编制的条件)。

表7.2　阶段1的FSA工作重点

所需资料	评估重点
(1)上一阶段的P&ID； (2)上一阶段的控制、联锁、报警说明； (3)控制系统拓扑图； (4)HAZOP报告、SIL定级报告； (5)SRS报告	(1)SIL定级中DCS的失效的频率； (2)SIL定级中每个SIF回路的风险降低因子； (3)所有独立保护层的风险降低因子； (4)SIS的独立性； (5)SRS中对每个SIF回路的SIL要求； (6)P&ID与HAZOP分析、SRS文件、控制联锁报警说明的一致性； (7)是否存在安全漏洞

SIS设计后期可进行阶段2的FSA工作：对设计图纸进行评估，避免大规模设备采购后才发现设计上存在错误。阶段2的FSA工作所需资料和评估重点见表7.3。

表7.3　阶段2的FSA工作重点

所需资料	评估重点
(1)阶段1的FSA文件和结论； (2)升版后的HAZOP报告、SIL定级报告； (3)升版后的SRS报告，包括响应时间、旁路等要求； (4)终版的P&ID； (5)SIS设计图纸，包括升版后的控制网络拓扑图、SIS联锁逻辑图； (6)详细的工艺控制说明	(1)阶段1的FSA建议被采纳； (2)升版后的SRS与升版后的HAZOP、SIL定级报告一致； (3)SIF回路与初始事件充分独立，是否存在共因失效； (4)仪表选型正确； (5)硬件故障裕度HFT满足要求； (6)SIL验证结果满足SIL定级要求； (7)SRS内容齐全； (8)SRS、HAZOP、SIL定级与终版的P&ID一致； (9)审查周期性检验测试间隔TI和MTTR要求； (10)能满足安全功能； (11)工厂专业工程师已确认所有咨询、设计文件

阶段3是在SIS工程调试完毕、在投产之前进行的FSA工作，对应国内的启动前安全检查PSSR(Pre–Startup Safety Review)。PSSR是指在装置投运前通过清单的方式对所有相关因素进行检查确认，用以发现不完善的地方，并将所有必改项整改到位，确保操作、维修等生产活动能够安全运行，并批准装置投产运行的

过程("三查四定"属于 PSSR 的一部分)。阶段 3 的 FSA 工作所需资料和评估重点见表7.4。

表7.4 阶段3的FSA工作重点

所需资料	评估重点
(1)阶段1和阶段2的文件和结论，以及书面的解决方案； (2)定稿的 HAZOP 报告、SIL 定级报告、SRS 文件； (3)竣工版本的 P&ID； (4)竣工图； (5)仪表调试、验证报告； (6)FAT 文件、SAT 文件； (7)操作人员培训记录； (8)SIS 操作规程、维护规程； (9)用于安全生命周期活动的设计、开发或生产工具的评估结果	(1)阶段1和阶段2的 FSA 建议被落实，且没有新的问题； (2)SRS 与其他文件一致； (3)完成验证，确认活动，缺陷被弥补； (4)制定有效的安全对策； (5)操作人员培训合格； (6)制定了 SIS 操作、维护规程

其他 PSSR 的内容参考相关规范、安监部门所发的文件要求，这里不再详细列举。IEC61511 对阶段 3 的 FSA 工作格外重视，要求 SIS 全生命周期中 FSA 评估至少应在阶段 3 时执行一次。

阶段 4 的 FSA 工作是在投产运行后进行的，确保安装的系统能够提供 HAZOP 报告、SIL 定级报告、设计图纸等文件中要求的安全功能。阶段 4 的 FSA 工作所需资料和评估重点见表7.5。

表7.5 阶段4的FSA工作重点

所需资料	评估重点
(1)阶段1～3的 FSA 文件和结论； (2)当前的 HAZOP 报告、SIL 定级报告、SRS 文件； (3)当前的验证和确认文件； (4)SIS 联锁记录、误动作记录； (5)旁路事件记录； (6)检查、测试和维修记录； (7)对 SIS 有影响的变更记录； (8)培训记录	(1)用文件证明安全管理和验证满足要求； (2)用文件证明操作和维护满足要求； (3)SIS 实际的误动率和拒动率满足设计时的要求； (4)评估 SIS 的有效性，并用文件记录

阶段 5 是在装置运行过程中发生重大变更、在变更实施前需进行的 FSA 工作，用于评估变更对安全功能的影响。阶段 5 的 FSA 工作所需资料和评估重点见

表7.6。

表7.6 阶段5的FSA工作重点

所需资料	评估重点
(1)阶段1~4的FSA文件和结论； (2)当前的HAZOP报告、SIL定级报告、SRS文件； (3)当前的验证和确认文件； (4)当前的P&ID、设计文件； (5)需要变更的内容及变更原因	(1)评估变更对安全功能的影响； (2)确定此变更的安全管理要从SIS全生命周期的哪个阶段开始进行(如是否要重新进行HAZOP分析、是否要设计)； (3)变更授权； (4)变更测试的依据

综上所述，FSA的阶段1和阶段2在设计阶段，阶段3在施工阶段，阶段4和阶段5在运行阶段。不论有没有文件记录FSA活动，这些评估工作一直都包括在工程咨询、设计、施工和运行过程当中。

7.3.2 评估主体

既然安全功能评估FSA这么重要，那么由谁来负责FSA工作呢？

IEC61508.1对FSA的评估主体独立性提出了要求，阶段1和阶段2的评估主体选择见表7.7。

表7.7 阶段1和阶段2的评估主体

最低独立等级	安全完整性等级/系统性能力			
	1	2	3	4
独立人员	√	√	×	×
独立部门		√	√	×
独立组织			√	√

注：(1)独立人员是指不直接负责此项目SIS全生命周期管理活动，但又从事功能安全评估或确认的人；独立部门是指与负责此项目SIS全生命周期管理的部门分开，但又从事功能安全评估或确认的人；独立组织一般是指从事功能安全评估或确认的第三方公司。

(2)当同一安全完整性等级/系统性等级有多个选择时，当缺乏类似设计经验、装置较为复杂、采用新技术或新设计理念时，评估主体应选择独立性等级更高要求的。

如SIL定级结果中有SIL2的回路、没有SIL3的回路，阶段1和阶段2的FSA工作即可由独立个人或独立部门负责；当装置简单时，FSA工作可由独立个人负责，装置复杂、难度较高时，FSA工作应由独立部门负责，当然也可以由独立性更高的独立组织负责评估。

阶段3~5的评估主体根据表7.8进行选择,当同一后果下有多个选择时,参考表7.7的注(2)。

表7.8 阶段3~5的评估主体

最低独立等级	后 果			
	A	B	C	D
独立人员	√	√	×	×
独立部门		√	√	×
独立组织			√	√

注:A—轻伤;B—致一人或多人严重或永久的伤害,一人死亡;C—致多人死亡;D—致很多人死亡。

7.3.3 FSA 报告

一份完整的 FSA 报告包括如下内容:

(1)评估范围;

(2)评估人员及职责;

(3)所有文档和所检查文档的版本号列表;

(4)评估依据;

(5)评估流程;

(6)评估实施过程及记录表;

(7)评估结论;

(8)批准和跟踪。

各阶段可根据项目内容、监管文件、标准规范制定评估表,以表格的方式进行检查评估,从而减少依靠专业经验的主观判断或遗漏。

国内项目的检查验收有时要求提供 FSA 报告,企业可提供启动前安全检查 PSSR 报告(FSA 的阶段3);其他阶段也可根据需要,进行安全功能评估,并形成文档;评估的次数取决于项目的规模和复杂程度。

执行 FSA 能够对功能安全的实际完成情况进行阶段性的确认和修改,减少后续阶段的变更和返工。另外,用健全的、可追溯的文档证明 SIS 全生命周期管理符合 IEC61508 和 IEC61511 的要求。

7.3.4 审 核

功能安全审核(Functional Safety Audit)是一项系统的、独立的检查,用来确定针对功能安全要求的特定规程是否符合计划，是否被有效地执行，以及是否达到特定的目标。审核是安全仪表系统在运行后进行的周期性的(一般为3~5年)管理活动。

功能安全审核可以作为功能安全评估 FSA 的一部分，但它们之间存在一些差异：FSA 关注的是做得对不对、有没有漏洞、是否准备充分；功能安全审核关注是否按照计划执行(即做的和计划的是否一致)。

在许多情况下，评估内容和审核内容有可能重叠，例如审核一个操作员是否得到必要的培训(是否执行计划中的培训要求，属于审核的内容)的同时，还要对操作员是否达到要求的胜任能力进行判断(属于评估的内容)。

审核工作可以由公司人员来执行，也可以由独立的部门或第三方公司来执行，并出具书面的审核报告。功能安全审核报告的内容包括：

(1)审核策略；

(2)审核程序；

(3)审核范围；

(4)审核时间安排；

(5)参与人员；

(6)审核依据；

(7)审核的实施和记录；

(8)审核结果；

(9)审核追踪。

7.4 小 结

文档管理在国内大部分项目建设过程和工厂运营过程中是缺失的或者是不足的。尤其是项目的设计人员、建设人员、运行人员属于不同的公司或单位，加之行业内专业技术人员及管理人员的流动性较大，如果文档管理不规范，则对新进人员了解装置的建设、运行过程十分不利，而且没有完整、系统的资料可供查阅，对装置发生故障或事故的原因调查也会造成不便。

项目建设过程中的设计文件校审、图纸会审、三查四定、装置运行评估、变更评估会议等均属于 FSA 的工作内容，因此做好相关内容的记录并进行完整的归档留存很有必要。用文档管理体系去规范工程设计，工程建设和运行过程中的文件管理，便于后续追溯，可以把安全和质量控制在安全生命周期的每个阶段中。

参考文献

[1]谢亚莲."功能安全产品实现技术"系列讲座 第3讲 功能安全管理[J]. 自动化仪表，2013(34)，8：91-94.

[2]冯晓升. 功能安全技术讲座 第十讲 功能安全的管理[J]. 仪器仪表标准化与计量，2008，4：12-21.

[3]童秋阶，李一乐，罗倩，等. HG/T 20573—2012 分散型控制系统工程设计规范[S]. 北京，中国计划出版社，2012.

[4]Stuart Nunns，曾硕巍. 功能安全评估第一部分 设定FSA边界，定义FSA范围及计划FSA[J]. 仪器仪表标准化与计量，2009，3：26-30.

[5]Stuart Nunns，曾硕巍. 功能安全评估第二部分 安全评估的执行、报告和后续跟踪[J]. 仪器仪表标准化与计量，2009，4：16-26.

[6]Eloise Roche, Monica Hochleitner, and Angela Summers. Functional safety assessments of safety controls, Alarms, and Interlocks[EB]. http：//sis-tech.com/wp-content/uploads/2016/08/ROCHE-and-HOCHLEITNER-Functional-Safety-Assessments-of-Safety-Controls_Alarms_and-Interlocks.pdf

[7]冯晓升，熊文泽，潘钢，等. GB/T 20438—2017 电气/电气/可编程电子安全相关系统的功能安全[S]. 北京：中国标准出版社，2017.

[8]国际电工委员会. IEC61511—2016 Functional safety-Safety instrumented systems for the process industry sector[S]. 2016.

第8章 故障树分析

SIF 回路失效概率的计算有故障树、可靠性框图、简化方程、马尔可夫等方法，每种方法各有优势。对于本书的第 8 章和第 9 章，读者在阅读时了解推导过程即可，着重理解各参数对危险失效和安全失效的影响。

在计算 SIF 回路的 PFD_{avg} 和 STR 值时需设置一些假设条件，包括：

(1)设备失效率在整个生命周期内为常数；

(2)对于同一个 SIF 回路，只有一个周期性检验测试时间间隔 TI 和平均维修时间 MTTR；

(3)检验测试覆盖率 E、平均重新启动时间 SD 均为常数；

(4)冗余元件具有相同的共因失效；

(5)系统初始状态无任何故障。

8.1 概 念

故障树分析法 FTA（Failure Tree Analysis），是一种特殊的倒立树状逻辑因果关系图，用来表示事故或者故障事件发生的原因及其逻辑关系，是安全系统工程的主要分析方法之一。

故障树的图例符号可参考《故障树名词术语和符号标准》（GB/T 4888—2009），常用的图例符号见表 8.1。

表 8.1　常用故障树图例

序号	图例	名称	释义
1		结果事件	分为顶事件与中间事件，由其他事件或事件组合所导致的事件，总位于某个逻辑门的输出端

序号	图例	名称	释义
2	◯	基本事件	无须探明其发生原因的底事件
3	⌂	与门	仅当所有输入条件事件发生时，输出事件才发生
4	⌂	或门	有一个输入事件发生，输出事件就发生
5	◇	未探明事件	原则上应进一步探明其原因但暂时不必或者暂时不能探明其原因的底事件

表中符号可用于搭建故障树。故障树的顶部事件是模型的结果，底事件是事件发生的原因。原因和结果之间用逻辑门连接，逻辑门的输入事件是输出事件的"因"，逻辑门的输出事件是输入事件的"果"。

8.2　传感器与执行元件子单元

传感器和执行元件子单元常用 1oo1、1oo2、1oo3、2oo2、2oo3 等冗余结构，在一些特殊应用场合也会用 1ooN、2ooN、NooN($N \geqslant 4$) 等冗余结构；冗余结构可以是同型号设备构成冗余，也可以是不同型号设备构成冗余。

8.2.1　1oo1 结构

1oo1 结构中发生任何危险失效都会导致安全功能失效，发生任何安全失效都可能导致误动作。

1. PFD_{avg} 计算

1oo1 结构设备故障树模型见图 8.1。

如果通道发生检测到的危险失效或未检测到的危险失效，则系统发生危险失效，故 1oo1 结构的故障树由检测到的危险失效子单元 DD 与未检测到的危险失效子单元 DU 组成，它们之间的关系为或门。

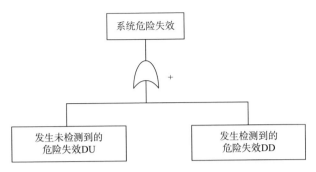

图 8.1　1oo1 结构的故障树结构

检测到的危险失效 DD 需在平均修复时间 $MTTR$ 内完成修复，才能避免发生危险失效。根据第四章式(4.14)，DD 子单元发生的危险概率为：

$$PFD_{DD} = \lambda_{DD} \times MTTR \tag{8.1}$$

未检测到的危险失效 DU 在检验测试时间周期内导致 SIF 回路发生要求时的危险失效概率为 $\lambda_{DU} \times t$（t 为设备在检验测试时间周期内的运行时间）。

本书中假设周期性检验测试时间间隔小于装置停车检修周期，未检测到的危险失效需在周期性检验测试时间内进行修复，修复时间为 $MTTR$。在这段时间内，SIF 回路发生要求时的危险失效概率为 $\lambda_{DU} \times MTTR$（若实际运用中周期性检验测试时间间隔等同于装置停车检修周期，则不需要考虑此失效概率）。故 DU 子单元发生危险失效的概率为：

$$PFD_{DU} = \lambda_{DU} \times t + \lambda_{DU} \times MTTR \tag{8.2}$$

1oo1 结构要求时的失效概率 PFD 为 DD 和 DU 子单元之和。PFD 与时间 t 的关系为：

$$\begin{aligned} PFD(t) &= PFD_{DD} + PFD_{DU} \\ &= \lambda_{DD} \times MTTR + (\lambda_{DU} \times t + \lambda_{DU} \times MTTR) \end{aligned} \tag{8.3}$$

在实际使用过程中，设备的周期性离线检测诊断覆盖率无法达到 100%。若考虑设备故障在检验测试时不能够完全被发现及修复，则式(8.3)可修改为：

$$PFD(t) = \lambda_{DD} \times MTTR + [E \times \lambda_{DU} \times t_1 + \lambda_{DU} \times MTTR + (1-E)\lambda_{DU} \times t_2] \tag{8.4}$$

式中　E——检验测试覆盖率；

t_1——设备在周期性测试周期 TI 内的运行时间；

t_2——设备在有效使用寿命 LT（Life Time）中运行时间。

在第一个周期性检验测试时间 TI 结束时，系统残留的危险失效概率为

$(1-E)\lambda_{DU} \times TI$；在第二个 TI 结束时，系统残留的危险失效概率为 $2 \times (1-E)$ $\lambda_{DU} \times TI$。依次类推。每个检验周期间隔的起点故障率不一样，见图8.2。

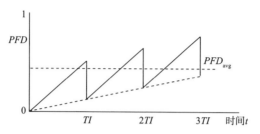

图8.2 不完美修复系统的 PFD 曲线

案例8−1

某不带部分行程测试的阀门，$\lambda_{SU} = 132\,\text{Fit}$，$\lambda_{SD} = 40\,\text{Fit}$，$\lambda_{DD} = 120\,\text{Fit}$，$\lambda_{DU} = 601\,\text{Fit}$，$TI = 8760\,\text{h}$，$MTTR = 8\,\text{h}$，$E = 85\%$。计算此设备运行10000h后的危险失效概率 PFD。

设备运行10000h后已过第一个检验周期，在第二个检验周期内运行了1240h(10000 − 8760)。将上述数据代入式(8.4)中，得到 PFD 为：

$$PFD(10000) = \{120 \times 8 + [0.85 \times 601 \times 1240 + 601 \times 8 + (1 - 0.85) \times 601 \times 10000]\} \times 10^{-9} = 1.54 \times 10^{-3}.$$

要求时的平均失效概率 PFD_{avg} 与 $PFD(t)$ 关系如下：

$$PFD_{avg} = \lambda_{DD} \times MTTR + \lambda_{DU} \times MTTR + \frac{1}{TI}\int_0^{TI}(E \times \lambda_{DU} \times t_1)dt_1 + \frac{1}{LT}\int_0^{LT}\left[(1-E)\lambda_{DU} \times t_2\right]dt_2$$

$$= \lambda_D \times MTTR + E\frac{TI}{2}\lambda_{DU} + (1-E)\frac{LT}{2}\lambda_{DU} \tag{8.5}$$

在其他参数不变的情况下，案例8−1中的阀门周期性检验测试周期 TI 从3个月到3年对应的 PFD_{avg} 的曲线见图8.3。

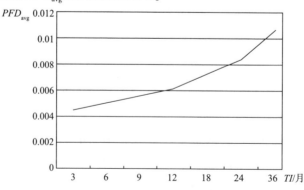

图8.3 案例8−1中 PFD_{avg} 值与 TI 的关系

如果切断阀带部分行程测试，可将式(8.5)中的 *TI* 替换成部分行程测试间隔时间，因部分行程测试间隔时间小于 *TI*，且增加了部分行程测试能够减少未检测到的危险失效 λ_{DU}，故能够降低 PFD_{avg} 值。

在其他参数不变的情况下，案例 8 – 1 中的阀门有效使用寿命 *LT* 从 1 ~ 15 年对应的 PFD_{avg} 的曲线见图 8.4。使用时间越长，PFD_{avg} 值越高。

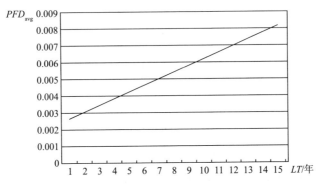

图 8.4　案例 8 – 1 中 PFD_{avg} 值与 *LT* 的关系

在其他参数不变的情况下，案例 8 – 1 中的阀门检验测试覆盖率 *E* 从 70% 到 100% 对应的 PFD_{avg} 的曲线见图 8.5。随着测试覆盖率的提高，PFD_{avg} 逐步变小，这也证明了设备有效检修的重要性。

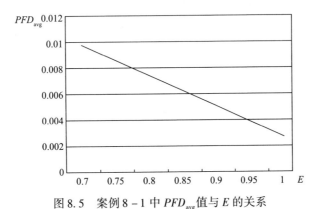

图 8.5　案例 8 – 1 中 PFD_{avg} 值与 *E* 的关系

2. *STR* 计算

安全失效会导致 SIF 回路误动作，若检测到的危险失效会使 SIF 回路转为安全状态，那么检测到的危险失效概率也包括在误动率的计算中，反之则不予考虑。

和危险失效不一样的是，只有回路中的设备发生了危险失效且系统要求 SIF

回路动作时，SIF 回路才会发生危险失效；而当设备发生安全失效时，SIF 回路就会发生安全失效，所以其等效时间为设备重启时间 SD。故 1oo1 结构的误动率 STR 为：

$$STR = \lambda_S \times SD \qquad (8.6)$$

其中 SD 为平均重启时间，在第 5 章已做说明，一般可选 24h。

从式(8.6)中可以看出，平均重启时间越长，STR 越大。

案例 8-2

某阀门不带部分行程测试，$\lambda_{SU} = 132\text{Fit}$，$\lambda_{SD} = 40\text{Fit}$，$\lambda_{DD} = 120\text{Fit}$，$\lambda_{DU} = 601\text{Fit}$，$TI = 8760\text{h}$，$MTTR = 8\text{h}$，$SD = 24\text{h}$，$E = 85\%$，$LT = 10$ 年。

代入式(8.5)中，得出此设备 1oo1 结构的 PFD_{avg} 为 6.19×10^{-3}。代入式(8.6)中，得出此设备 1oo1 结构的 STR 为 4.13×10^{-6}。

当此阀门带部分行程测试时，$\lambda_{SU} = 0$，$\lambda_{SD} = 132\text{Fit}$，$\lambda_{DD} = 288\text{Fit}$，$\lambda_{DU} = 313\text{Fit}$，部分行程测试时间间隔为 3 个月，其他数据同上。代入式(8.5)中，得出此设备 1oo1 结构的 PFD_{avg} 为 2.35×10^{-3}。对比可见，部分行程测试可以降低阀门 PFD_{avg}。

8.2.2　1oo2 结构

1oo2 结构系统判断状态见表 8.2。

表 8.2　1oo2 结构失效状态判断

A 设备	B 设备	系统
正常	正常	正常
安全失效	正常或失效	安全失效
正常或失效	安全失效	安全失效
危险失效	正常	正常
正常	危险失效	正常
危险失效	危险失效	危险失效

其中的一个设备发生安全失效就会导致系统发生安全失效。当其中一个设备发生危险失效时，1oo2 结构降级为 1oo1 结构后仍能正常工作；只有当两个设备均发生危险失效时，系统才发生危险失效。

1. PFD_{avg} 计算

1oo2 结构故障树见图 8.6。导致 1oo2 结构危险失效的因素有：两个通道共因危险失效，或 A 通道和 B 通道其中一个发生危险失效。

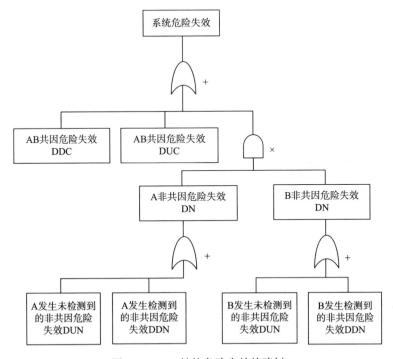

图 8.6　1oo2 结构危险失效故障树

MooN 结构的故障树模型求解 PFD_{avg} 有先求和后平均、先平均后求和两种方法。当 MooN 结构里涉及与门计算时，两者的结果不一样，因为：

$$\int_0^T (a \times b) \neq \int_0^T a \times \int_0^T b$$

所以，先求和后平均的方法相对于先平均后求和的方法计算值更保守一些。在实际应用过程中选择先平均后求和的方式，有利于不同 MooN 结构的 PFD_{avg} 推导。

参考 1oo1 结构故障树每个子单元危险失效概率推导过程，1oo2 故障树结构各子单元的 PFD_{avg} 为：

（1）A 和 B 设备发生检测出的共因危险失效概率 PFD_{avg} 为：

$$PFD_{avg} = \lambda_{DDC} \times MTTR \tag{8.7}$$

（2）A 和 B 设备发生未检测出的共因危险失效概率 PFD_{avg} 为：

$$PFD_{avg} = \lambda_{DUC} \times MTTR + E \frac{TI}{2} \lambda_{DUC} + (1 - E) \frac{LT}{2} \lambda_{DUC} \tag{8.8}$$

（3）A 或 B 设备发生非共因危险失效的 PFD_{avg} 为：

$$PFD_{avg} = \lambda_{DN} \times MTTR + E\frac{TI}{2}\lambda_{DUN} + (1 - E)\frac{LT}{2}\lambda_{DUN} \qquad (8.9)$$

结合上图 8.4 的故障树模型，可得出整个系统的 PFD_{avg} 为：

$$PFD_{avg} = \lambda_{DC} \times MTTR + E\frac{TI}{2}\lambda_{DUC} + (1 - E)\frac{LT}{2}\lambda_{DUC}$$

$$+ \left[\lambda_{DN} \times MTTR + E\frac{TI}{2}\lambda_{DUN} + (1 - E)\frac{LT}{2}\lambda_{DUN}\right]^2 \qquad (8.10)$$

案例 8 - 3

以案例 8 - 2 中的数据为例，某不带部分行程测试阀门，$\lambda_{DD} = 120\text{Fit}$，$\lambda_{DU} = 601\text{Fit}$，$TI = 8760\text{h}$，$MTTR = 8\text{h}$，$E = 85\%$，$LT = 10$ 年，$\beta = 5\%$。计算其构成 1oo2 结构时的 PFD_{avg}。

根据第四章节表 4.12，分别计算如下：

$\lambda_{DUC} = 0.05 \times 601 = 30.05\text{Fit}$

$\lambda_{DUN} = (1 - 0.05) \times 601 = 570.95\text{Fit}$

$\lambda_{DDC} = 0.05 \times 120 = 6$

$\lambda_{DDN} = (1 - 0.05) \times 120 = 114$

$\lambda_{DC} = 30.05 + 6 = 36.05\text{Fit}$

$\lambda_{DN} = 570.95 + 114 = 684.95\text{Fit}$

分别代入到上述式(8.10)中，得出此设备 1oo2 结构的 PFD_{avg} 为：3.44×10^{-4}。

对比案例 8 - 2 中 1oo1 结构的 PFD_{avg} 计算结果 6.19×10^{-3} 发现，可得出 1oo2 结构比 1oo1 结构的安全性高。

在其他参数不变的情况下，案例 8 - 3 中的共因失效因子 β 从 1% 到 10% 对应的 PFD_{avg} 的曲线见图 8.7。可以看出，随着共因失效因子的提高，PFD_{avg} 逐步变大。

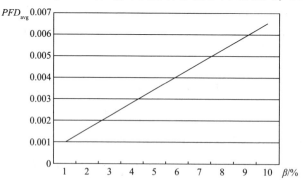

图 8.7　案例 8 - 3 中 PFD_{avg} 值与 β 的关系

1oo3 结构和 1oo2 结构类似，系统发生危险失效的原因有：三个设备发生共因危险失效或三个设备同时发生非共因危险失效。

参考式(8.10)，可得出 1oo3 结构的 PFD_{avg} 为：

$$PFD_{avg} = \lambda_{DC} \times MTTR + E\frac{TI}{2}\lambda_{DUC} + (1-E)\frac{LT}{2}\lambda_{DUC}$$
$$\tag{8.11}$$
$$+ \left[\lambda_{DN} \times MTTR + E\frac{TI}{2}\lambda_{DUN} + (1-E)\frac{LT}{2}\lambda_{DUN}\right]^3$$

同理，可以推导出 1ooN($N \geqslant 2$)结构的 PFD_{avg} 为：

$$PFD_{avg} = \lambda_{DC} \times MTTR + E\frac{TI}{2}\lambda_{DUC} + (1-E)\frac{LT}{2}\lambda_{DUC}$$
$$\tag{8.12}$$
$$+ \left[\lambda_{DN} \times MTTR + E\frac{TI}{2}\lambda_{DUN} + (1-E)\frac{LT}{2}\lambda_{DUN}\right]^N$$

对于同型号设备组成的 1ooN($N \geqslant 2$)结构，其与 1oo1 结构的 PFD_{avg} 关系为：

$$PFD_{avg1ooN} = \left[(1-\beta) \times PFD_{avg1oo1}\right]^N + \beta \times PFD_{avg1oo1} \tag{8.13}$$

2. *STR* 计算

1oo2 结构中有一个设备发生安全失效则输出至安全状态，故障树模型见图 8.8。

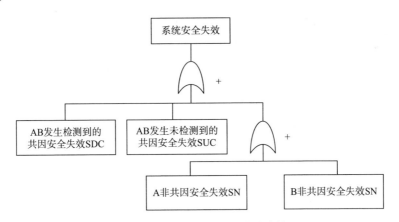

图 8.8　1oo2 结构安全失效故障树

当 A 发生非共因安全失效，或 B 发生非共因安全失效，或 AB 发生共因安全失效时，系统安全失效，则 1oo2 结构的误动率 *STR* 为：

$$STR = (\lambda_{SC} + 2\lambda_{SN}) \times SD \tag{8.14}$$

在实际应用过程中，可能会存在不同的仪表设备或者不同型号的相同类型仪表组成1oo2结构。这种配置在第四章4.5.3节中也曾提及，需要将式(8.10)、式(8.14)中的共因和非共因失效数据进行处理计算。

案例8-4

雷达液位计和音叉开关组成1oo2表决结构，其中雷达液位计 $\lambda_{DD\_A} = 30\text{Fit}$，$\lambda_{DU\_A} = 100\text{Fit}$，$\lambda_{SD\_A} = 70\text{Fit}$，$\lambda_{SU\_A} = 10\text{Fit}$；音叉开关 $\lambda_{DD\_B} = 90\text{Fit}$，$\lambda_{DU\_B} = 20\text{Fit}$，$\lambda_{SD\_B} = 10\text{Fit}$，$\lambda_{SU\_B} = 40\text{Fit}$；二者 $TI = 8760\text{h}$，$MTTR = 8\text{h}$，$SD = 24\text{h}$，$E = 85\%$，$LT = 10$ 年，$\beta = 1\%$。计算其构成1oo2结构时的 PFD_{avg} 和 STR。

取二者危险失效数据的乘积开方的值作为 PFD_{avg} 计算的值：

$$\lambda_{DD} = \sqrt{30 \times 90} \approx 52\text{Fit}, \quad \lambda_{DU} = \sqrt{100 \times 20} \approx 45\text{Fit}$$

$$\lambda_{DDC} = 0.01 \times 52 = 0.52\text{Fit}, \quad \lambda_{DDN} = (1 - 0.01) \times 52 = 51.48\text{Fit}$$

$$\lambda_{DUC} = 0.01 \times 45 = 0.45\text{Fit}, \quad \lambda_{DUN} = (1 - 0.01) \times 45 = 44.55\text{Fit}$$

$$\lambda_{DC} = 0.52 + 0.45 = 0.97\text{Fit}, \quad \lambda_{DN} = 51.48 + 44.55 = 96.03\text{Fit}$$

代入式(8.10)，得出这两个异型号设备在1oo2结构下的 PFD_{avg} 为 4.85×10^{-6}。

取二者安全失效数据的乘积开方的值作为 STR 计算的值：

$$\lambda_{SD} = \sqrt{70 \times 10} \approx 26\text{Fit}, \quad \lambda_{SU} = \sqrt{10 \times 40} \approx 20\text{Fit}$$

$$\lambda_{SDC} = 0.01 \times 26 = 0.26\text{Fit}, \quad \lambda_{SDN} = (1 - 0.01) \times 26 = 25.74\text{Fit}$$

$$\lambda_{SUC} = 0.01 \times 20 = 0.2\text{Fit}, \quad \lambda_{SUN} = (1 - 0.01) \times 20 = 19.8\text{Fit}$$

$$\lambda_{SC} = 0.26 + 0.2 = 0.46\text{Fit}, \quad \lambda_{SN} = 25.74 + 19.8 = 45.54\text{Fit}$$

代入式(8.14)，得出这两个异型号设备在1oo2结构下的 STR 为 2.2×10^{-6}。

1oo3结构系统发生安全失效的原因有：三个设备发生共因安全失效或三个设备当中，有一个发生非共因安全失效。

参考式(8.11)，可得出1oo3结构的 STR 为：

$$STR = (\lambda_{SC} + 3\lambda_{SN}) \times SD \tag{8.15}$$

可以推导出1ooN($N \geq 2$)结构的 STR 为：

$$STR = (\lambda_{SC} + N \times \lambda_{SN}) \times SD \tag{8.16}$$

案例8-5

仍以案例8-2中的数据为例，某不带部分行程测试阀门，$\lambda_{DD} = 120\text{Fit}$，$\lambda_{DU} = 601\text{Fit}$，$\lambda_{SD} = 40\text{Fit}$，$\lambda_{SU} = 132\text{Fit}$，$TI = 8760\text{h}$，$MTTR = 8\text{h}$，$SD = 24\text{h}$，$E = 85\%$，$LT = 10$ 年，$\beta = 5\%$。分别计算此同型号阀门构成1ooN($N = 2 \sim 5$)结构时的 PFD_{avg} 和 STR。

不同1ooN结构的共因失效因子有所不同，见第四章节表4.10。分别将数据带入式(8.13)和式(8.16)中，计算结果如表8.3所示：

表8.3　不同β的1ooN计算结果

1ooN	β	PFD_{avg}	STR
1oo2	5%	3.44×10^{-4}	8.05×10^{-6}
1oo3	2.5%	1.55×10^{-4}	1.22×10^{-5}
1oo4	1.5%	9.29×10^{-5}	1.63×10^{-5}
1oo5	1%	6.19×10^{-5}	2.05×10^{-5}

若不同1ooN结构的共因失效因子均取5%参与计算，则计算结果如表8.4所示：

表8.4　相同β的1ooN计算结果

1ooN	β	PFD_{avg}	STR
1oo2	5%	3.44×10^{-4}	8.05×10^{-6}
1oo3	5%	3.10×10^{-4}	1.20×10^{-5}
1oo4	5%	3.10×10^{-4}	1.59×10^{-5}
1oo5	5%	3.10×10^{-4}	1.98×10^{-5}

在上述案例中，当不同的1ooN结构共因失效因子β不同时，PFD_{avg}的计算结果随着N值的变大而变小；但当不同的1ooN结构共因失效因子β相同时，PFD_{avg}的计算结果并没有随着N的值变大而有多大的改变，这和我们想象中是有些不同的。对此，我们应该充分重视共因失效对系统危险失效的影响，事故是一连串偶尔的组合。同时，随着1ooN结构中N数量的增长，误动率越来越大。因此在SIF回路配置时，我们不能一味追求1ooN的N数量，而应将更多的精力花在如何降低回路共因失效的可能性上。

8.2.3　2oo2 结构

2oo2结构失效状态判断见表8.5。当其中一个通道输出发生安全失效时，另一个通道仍能保持工作，避免了因1oo2结构中单一通道的安全失效导致系统的安全失效，降低了系统的误停车概率。相反的是，只要有一个通道发生危险失效，则系统将无法执行要求时的动作，即系统发生危险失效。

表 8.5　2oo2 结构状态判断

A 设备	B 设备	系统
正常	正常	正常
安全失效	正常	正常
正常	安全失效	正常
安全失效	安全失效	安全失效
危险失效	正常或失效	危险失效
正常或失效	危险失效	危险失效

1. PFD_{avg} 计算

2oo2 结构系统发生危险失效的原因有三种：A 设备发生危险失效、B 设备发生危险失效、AB 设备发生共因危险失效。其危险失效故障树和 1oo2 结构安全失效故障树类似，见图 8.9。

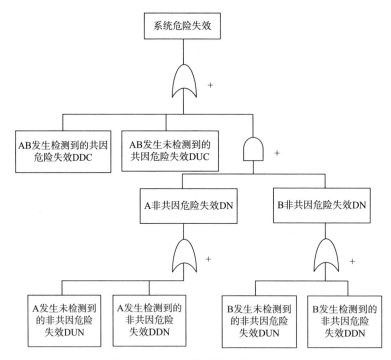

图 8.9　2oo2 结构危险失效故障树

与 1oo2 结构不同的是，2oo2 结构对危险失效的容忍度为 0，即 A 或 B 有一个通道发生非共因危险失效时，系统就会发生危险失效。它们是"或"的关系，而不是1oo2结构中"与"的关系。

参考1oo2结构的PFD_{avg}推导过程，2oo2结构的PFD_{avg}为：

$$PFD_{avg} = \lambda_{DC} \times MTTR + E\frac{TI}{2}\lambda_{DUC} + (1-E)\frac{LT}{2}\lambda_{DUC}$$
$$+ 2\left[\lambda_{DN} \times MTTR + E\frac{TI}{2}\lambda_{DUN} + (1-E)\frac{LT}{2}\lambda_{DUN}\right] \quad (8.17)$$

可以推导出来$NooN(N \geqslant 2)$结构的PFD_{avg}为：

$$PFD_{avg} = \lambda_{DC} \times MTTR + E\frac{TI}{2}\lambda_{DUC} + (1-E)\frac{LT}{2}\lambda_{DUC}$$
$$+ N\left[\lambda_{DN} \times MTTR + E\frac{TI}{2}\lambda_{DUN} + (1-E)\frac{LT}{2}\lambda_{DUN}\right] \quad (8.18)$$

对于同型号设备构成的$NooN(N \geqslant 2)$结构，其$PFD_{avgNooN}$与1oo1结构的$PFD_{avg1oo1}$关系为：

$$PFD_{avgNooN} = \beta \times PFD_{avg1oo1} + N\left[(1-\beta) \times PFD_{avg1oo1}\right] \quad (8.19)$$

2. STR计算

2oo2结构的安全失效故障树和1oo2结构的危险失效故障树类似，见图8.10。

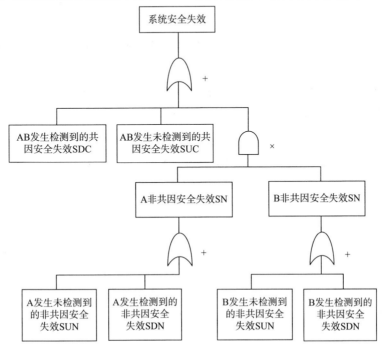

图8.10　2oo2结构安全失效故障树

当系统中存在 A、B 两个设备共因安全失效（SDC 和 SUC）时 SIF 回路误停车，需要 SD 的时间进行重新启动；当 A 或 B 发生检测到的非共因安全失效（SDN）时，需要 $MTTR$ 的时间进行修复；当 A 或 B 发生未检测到的非共因安全失效（SUN）时，因 2oo2 结构需要两个设备同时安全失效系统才会安全失效，故其中一个设备发生 SUN 时，系统可正常工作，直到另一个设备也发生了非共因安全失效，系统才会安全失效。

假设未检测到的安全失效在周期性检验测试中都能够完全修复，则 2oo2 结构的 STR 为：

$$STR = \lambda_{SC} \times SD + (\lambda_{SN} \times MTTR + \frac{TI}{2}\lambda_{SUN})^2 \qquad (8.20)$$

可以推导出来 NooN（$N \geqslant 2$）结构的 STR 为：

$$STR = \lambda_{SC} \times SD + (\lambda_{SDN} \times MTTR + \frac{TI}{2}\lambda_{SUN})^N \qquad (8.21)$$

若有 $N-1$ 个设备发生未检测到的非共因安全失效 SUN，则系统不会安全失效；若最后一个完好的设备（N 个设备均发生安全失效）发生了安全失效，此时系统安全失效。

案例 8-6

仍以案例 8-2 中的数据为例，某不带部分行程测试阀门，$\lambda_{DD} = 120\text{Fit}$，$\lambda_{DU} = 601\text{Fit}$，$\lambda_{SD} = 40\text{Fit}$，$\lambda_{SU} = 132\text{Fit}$，$TI = 8760\text{h}$，$MTTR = 8\text{h}$，$SD = 24\text{h}$，$E = 85\%$，$LT = 10$ 年，$\beta = 5\%$。分别计算此同型号阀门构成 1oo2 结构和 2oo2 结构时的 PFD_{avg} 和 STR。

将数据带入式（8.17）和式（8.20）中，得出此设备组成 2oo2 结构时 PFD_{avg} 为 1.21 × 10^{-2}，STR 为 5.1 × 10^{-7}。

对比可见，相比于 1oo2 结构，2oo2 结构在安全性上大幅下降，同时在误动率上有所降低。

8.2.4　2oo3 结构

2oo3 结构常用于现场传感器单元，如果仅其中一个设备的输出与其他两个设备的输出状态不同时，系统的输出状态不会发生变化。状态判断见表 8.6。2oo3 结构综合了 1oo1 结构和 2oo2 结构的优点，降低了系统平均失效概率和误动率。

表8.6 2oo3 结构状态判断

设备 A	设备 B	设备 C	系统状态
正常	正常	正常	正常
失效	正常	正常	正常
正常	失效	正常	正常
正常	正常	失效	正常
安全失效	安全失效	正常或失效	安全失效
安全失效	正常或失效	安全失效	安全失效
正常或失效	安全失效	安全失效	安全失效
危险失效	危险失效	正常或失效	危险失效
危险失效	正常或失效	危险失效	危险失效
正常或失效	危险失效	危险失效	危险失效

1. PFD_{avg} 计算

2oo3 结构的危险失效主要有：3 个设备里有 2 个发生危险失效(A&B、A&C、B&C)或 3 个设备均发生危险失效。2oo3 结构危险失效故障树见图 8.11。图中省略了非共因危险失效的底事件，如 A&B 非共因危险失效的下一级事件，即 A 和 B 构成的 1oo2 故障树结构。

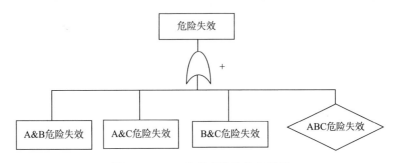

图 8.11 2oo3 结构危险失效故障树

因三通道同时危险失效是两通道同时危险失效的后续步骤，且 3 个通道发生危险失效的概率较低，故为了简化 2oo3 结构故障树的概率计算，方便工程实际应用，不考虑三通道同时失效的概率。A、B、C 三个设备组成 2oo3 结构的 PFD_{avg} 值为设备 A&B、B&C、A&C 在 1oo2 结构下的 PFD_{avg} 之和。

$$PFD_{avg} = PFD_{avg\_A\&B} + PFD_{avg\_B\&C} + PFD_{avg\_A\&C} \tag{8.22}$$

式中 $PFD_{avg\_A\&B}$——A 和 B 设备组成 1oo2 结构的要求时危险失效平均概率；

$PFD_{avg\_B\&C}$——B 和 C 设备组成 1oo2 结构的要求时危险失效平均概率;

$PFD_{avg\_A\&C}$——A 和 C 设备组成 1oo2 结构的要求时危险失效平均概率。

若 A、B、C 为同型号设备,三个设备组成 2oo3 结构的 PFD_{avg} 值为:

$$PFD_{avg} = 3\{\lambda_{DC} \times MTTR + E\frac{TI}{2}\lambda_{DUC} + (1-E)\frac{LT}{2}\lambda_{DUC}$$

$$+ [\lambda_{DN} \times MTTR + E\frac{TI}{2}\lambda_{DUN} + (1-E)\frac{LT}{2}\lambda_{DUN}]^2\} \tag{8.23}$$

对于其他同型号设备组成的 2ooN($N \geqslant 3$)结构,应至少有 2 个设备正常工作才不会发生危险失效,有($N-1$)或 N 个设备都发生危险失效时则系统发生危险失效,N 个设备同时发生危险失效的概率较低,故其 PFD_{avg} 值简化为:

$$PFD_{avg} = C_N^{N-1} \times \{\lambda_{DC} \times MTTR + E\frac{TI}{2}\lambda_{DUC} + (1-E)\frac{LT}{2}\lambda_{DUC}$$

$$+ [\lambda_{DN} \times MTTR + E\frac{TI}{2}\lambda_{DUN} + (1-E)\frac{LT}{2}\lambda_{DUN}]^{(N-1)}\} \tag{8.24}$$

对比同型号 2ooN($N \geqslant 3$)结构的 PFD_{avg} 与 1oo1 结构的 $PFD_{avg1oo1}$ 可得出:

$$PFD_{avg2ooN} = C_N^{N-1} \times \{\beta \times PFD_{avg1oo1} + [(1-\beta) \times PFD_{avg1oo1}]^{(N-1)}\} \tag{8.25}$$

2. STR 计算

2oo3 结构的安全失效故障树和其危险失效故障树类似,见图 8.12。当 3 个设备里有 2 个发生安全失效(A&B、A&C、B&C)或 3 个设备均发生安全失效时,系统安全失效。

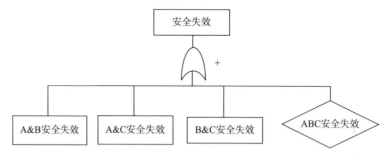

图 8.12　2oo3 结构安全失效故障树

同样忽略 A、B、C 三个设备同时安全失效的概率,A、B、C 三个设备组成 2oo3 结构的 STR 值为设备 A&B、B&C、A&C 在 2oo2 结构下的 STR 之和。

$$STR = STR_{\_A\&B} + STR_{\_B\&C} + STR_{\_A\&C} \tag{8.26}$$

式中　$STR_{\_A\&B}$——A 和 B 设备组成 2oo2 结构的误动率;

$STR_{\_B\&C}$——A 和 B 设备组成 2oo2 结构的误动率；

$STR_{\_A\&C}$——A 和 B 设备组成 2oo2 结构的误动率。

则 2oo3 结构 STR 值为：

$$STR = 3\left[\lambda_{SC} \times SD + \left(\lambda_{SN} \times MTTR + \frac{TI}{2}\lambda_{SUN}\right)^2\right] \quad (8.27)$$

对于其他 2ooN($N \geqslant 3$) 结构可推导出 STR 值为：

$$STR = C_N^2 \times \left[\lambda_{SC} \times SD + \left(\lambda_{SN} \times MTTR + \frac{TI}{2}\lambda_{SUN}\right)^2\right] \quad (8.28)$$

案例 8-7

某压力变送器 $\lambda_{SU} = 0$，$\lambda_{SD} = 84$Fit，$\lambda_{DD} = 258$Fit，$\lambda_{DU} = 32$Fit，$TI = 8760$h，$MTTR = 8$h，$SD = 24$h，$E = 85\%$，$LT = 12$ 年，1oo2 结构时 $\beta = 5\%$。分别计算此同型号设备构成 1oo2、2oo2 和 2oo3 结构时的 PFD_{avg} 和 STR。

共因失效因子均取 5% 时，计算结果见表 8.7。

表 8.7 计算结果

MooN	β	PFD_{avg}	STR
1oo2	5%	1.88×10^{-5}	3.93×10^{-6}
2oo2	5%	7.29×10^{-4}	1.01×10^{-7}
2oo3	5%	5.61×10^{-5}	3.03×10^{-7}

若 2oo3 结构取 1.5 倍的共因失效因子（$\beta = 7.5\%$）计算时，其结果为 $PFD_{avg} = 8.41 \times 10^{-5}$，$STR = 4.53 \times 10^{-7}$。从计算结果可以看出，2oo3 结构兼顾了安全性和可用性。

对于不同型号组成的 2oo3 结构的故障树，我们可分别计算 3 个组合的 1oo2 结构的 PFD_{avg} 值和 STR 值，再将结果相加。需注意的是，不同设备组合之间的共因失效因子 β 有可能不相同。我们也可以求三个设备失效数据的几何平均数，再选择合适的共因失效因子进行计算。

案例 8-8

某储罐设置雷达液位计 A、音叉开关 B、射频导纳开关 C 三种液位仪表进行 2oo3，其中雷达液位计 A 的 $\lambda_{SU} = 40$Fit，$\lambda_{SD} = 100$Fit，$\lambda_{DD} = 90$Fit，$\lambda_{DU} = 50$Fit，音叉开关 B 的 $\lambda_{SU} = 130$Fit，$\lambda_{SD} = 20$Fit，$\lambda_{DD} = 40$Fit，$\lambda_{DU} = 152$Fit，射频导纳开关 C 的 $\lambda_{SU} = 150$Fit，$\lambda_{SD} = 35$Fit，$\lambda_{DD} = 50$Fit，$\lambda_{DU} = 120$Fit。$TI = 8760$h，$MTTR = 8$h，$E = 85\%$，$LT = 10$ 年，$SD = 24$h。计算此传感器单元 2oo3 结构下的 PFD_{avg} 和 STR。

方法一：

可根据不同设备之间的差异性选择合适的 β 值，计算结果见表8.8。

表8.8 计算结果

设备组合	β	PFD_{avg}	STR
A&B	1%	9.75×10^{-6}	3.49×10^{-8}
A&C	1%	6.56×10^{-6}	4.13×10^{-8}
B&C	2.5%	3.66×10^{-5}	4×10^{-8}
合计		5.3×10^{-5}	1.16×10^{-7}

方法二：

计算三个设备失效数据的几何平均值：

$\lambda_{SD} = \sqrt[3]{100 \times 20 \times 35} = 41.2\text{Fit}$

$\lambda_{SU} = \sqrt[3]{40 \times 130 \times 150} = 92\text{Fit}$

$\lambda_{DD} = \sqrt[3]{90 \times 40 \times 50} = 56.5\text{Fit}$

$\lambda_{DU} = \sqrt[3]{50 \times 152 \times 120} = 97\text{Fit}$

共因失效因子 β 取2%，代入式（8.23）和式（8.27），计算得到：$PFD_{avg} = 6 \times 10^{-5}$，$STR = 6.62 \times 10^{-7}$。

这两种方法都可以应用于异型设备的2oo3冗余结构计算，方法二相比于方法一简单一些，可优先采用。

8.2.5 3oo4 结构

3oo4 结构中有 A、B、C、D 四个设备，至少有3个设备正常工作系统才不会发生危险失效；当有3个及以上设备发生安全失效时系统安全失效。

1. PFD_{avg} 计算

3oo4 结构的危险失效故障树，见图8.13，当有2个或3个或4个设备同时发生危险失效时，系统危险失效。

同样可忽略 ABCD 四个设备同时发生危险失效的概率，得出 3oo4 结构的 PFD_{avg} 值为：

$$PFD_{avg} = 4 \times PFD_{avg(1oo3)} + 6 \times PFD_{avg(1oo2)} \tag{8.29}$$

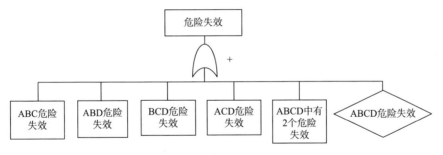

图 8.13　3oo4 结构危险失效故障树

对于其他 3ooN 结构($N \geqslant 4$)，有($N-2$)及以上设备都发生危险失效则系统发生危险失效，考虑 N 个设备同时发生危险失效的概率较低，故 $PFD_{\text{avg\_3ooN}}$ 值简化为：

$$PFD_{\text{avg\_3ooN}} = C_N^{N-1} \times PFD_{\text{avg\_1oo}(N-1)} + C_N^{N-2} \times PFD_{\text{avg\_1oo}(N-2)} \tag{8.30}$$

进一步可以推导出 MooN 结构($M \geqslant 2$，$N \geqslant 3$，$M < N$)，至少有 M 个设备正常运行系统才不会发生危险失效，有($N-M+1$)及以上设备都发生危险失效则系统发生危险失效，N 个设备同时发生危险失效的概率较低，故 $PFD_{\text{avg\_MooN}}$ 值为：

$$PFD_{\text{avg\_MooN}} = C_N^{N-1} \times PFD_{\text{avg\_1oo}(N-1)} + C_N^{N-2} \times PFD_{\text{avg\_1oo}(N-2)} + \cdots \\ + C_N^{N-M+1} \times PFD_{\text{avg\_1oo}(N-M+1)} \tag{8.31}$$

公式 3.31 可简化为：

$$PFD_{\text{avg\_MooN}} = \sum_{K=(N-M+1)}^{(N-1)} \left(C_N^K \times PFD_{\text{avg\_1ooK}} \right) \tag{8.32}$$

其中：$M \geqslant 2$，$N \geqslant 3$，$M < N$。

注意，不同 MooN 结构之间的共因失效因子 β 也不同，详见第四章节表 4.10。但为了工程应用方便，可采取一个统一的共因失效因子 β 值代入计算。

2. STR 计算

3oo4 结构的安全失效故障树，见图 8.14。

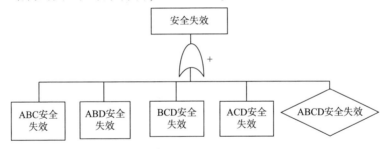

图 8.14　3oo4 结构安全失效故障树

忽略 A、B、C、D 四个设备共同安全失效的概率，则剩下四个的下一级事件为 3oo3 结构。假设所有的未检测到的安全失效 SU 都能够在周期性检验测试中完全修复，参考式(8.27)，得出 3oo4 结构的 STR 值为：

$$STR = 4[\lambda_{SC} \times SD + (\lambda_{SN} \times MTTR + \frac{TI}{2}\lambda_{SUN})^3] \tag{8.33}$$

进一步可以推导出 MooN 结构($M \geq 2$，$N \geq 3$，$M < N$)的 STR_{MooN} 值为：

$$STR = C_N^M \times [\lambda_{SC} \times SD + (\lambda_{SN} \times MTTR + \frac{TI}{2}\lambda_{SUN})^M] \tag{8.34}$$

案例 8-9

某温度变送器 $\lambda_{SU} = 0$，$\lambda_{SD} = 330\text{Fit}$，$\lambda_{DD} = 31\text{Fit}$，$\lambda_{DU} = 36\text{Fit}$，$TI = 8760\text{h}$，$MTTR = 8\text{h}$，$SD = 24\text{h}$，$E = 85\%$，$LT = 10$ 年，1oo2 结构时 $\beta = 5\%$，计算此温度变送器组成的 3oo5 结构下传感器单元的 PFD_{avg} 和 STR。

根据式(8.31)，$PFD_{avg\_3oo5} = C_5^4 \times PFD_{avg\_1oo4} + C_5^3 \times PFD_{avg\_1oo3}$，若取 1oo4 结构的 $\beta = 1.5\%$，1oo3 结构的 $\beta = 2.5\%$，则 $PFD_{avg\_3oo5} = 5 \times 5.57 \times 10^{-6} + 10 \times 9.28 \times 10^{-6} = 1.21 \times 10^{-4}$。

将数据代入公式 8.34 中，得到 STR 为 3.17×10^{-6}。

8.3 系统单元

IEC61131-6 中介绍了 1oo1D、1oo2、1oo2D、2oo2、2oo2D、2oo3D 几种安全型逻辑控制器结构。目前市场上主流应用的结构有冗余容错完全自诊断的 1oo2D 结构(诊断覆盖率 99.99%)、三重化表决部分自诊断结构 2oo3D(诊断覆盖率 70%)两种，其中 2oo4D 结构是 1oo2D 结构的改进方案。

安全型逻辑控制器内部部件的冗余属于同型号设备之间的冗余。

8.3.1 1oo1D 结构

1oo1D 结构相比于 1oo1 结构多了一个诊断电路，诊断电路能够控制输出。当设备发生检测到的危险失效时诊断电路将发挥作用使得系统转为安全失效。只有设备发生未检测到的危险失效，才会导致系统的危险失效。

单控制器和单输入输出卡件组成的安全型逻辑控制器是典型的 1oo1D 结构，见图 8.15。输入卡件、控制器、输出卡件均有诊断功能。当诊断电路(看门狗，

Watch Dog)诊断出控制器或 IO 卡件中存在危险失效时,诊断电路断开诊断开关,使输出开路,SIF 回路处于安全状态。

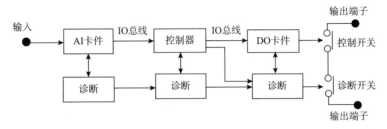

图 8.15　1oo1D 安全型逻辑控制器

输入单元的诊断包括输入开路短路诊断、输入采样电阻诊断、采集通道诊断、通道串扰诊断、微控制单元 MCU(Micro Controller Unit)自诊断(包括寄存器、随机存取存储器 RAM、堆栈指针、程序计数器等)、电源诊断等。逻辑单元的诊断包括 MCU 自诊断、电源诊断等。输出单元的诊断包括输出开路短路诊断、输出继电器触点诊断、输出通道诊断、MCU 自诊断、电源诊断等。

同时,诊断功能可以监视应用程序的最大执行时间,确保程序正确执行,而没有进入死循环;监视应用程序的最小执行时间,确保程序正确执行而没有出现跳转,造成某些程序没有执行。

图 8.16 为 1oo1D 结构危险失效的故障树。参考 1oo1 结构的 PFD_{avg} 的推导过程,1oo1D 结构的 PFD_{avg} 为:

$$PFD_{avg} = \lambda_{DU} \times MTTR + E\frac{TI}{2}\lambda_{DU} + (1-E)\frac{LT}{2}\lambda_{DU} \qquad (8.35)$$

当设备发生检测到的危险失效、检测到的安全失效、未检测到的安全失效中的任意一个时,系统发生安全失效。安全失效的故障树见图 8.17。

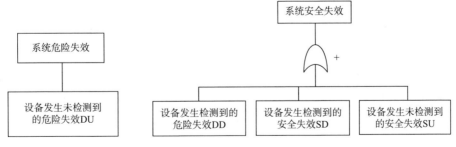

图 8.16　1oo1D 危险失效故障树　　　图 8.17　1oo1D 安全失效故障树

1oo1D 结构下的误动率 STR 为：

$$STR = (\lambda_S + \lambda_{DD}) \times SD \qquad (8.36)$$

案例 8-10

一个变送器和一个切断阀构成 SIF 回路，采用 1oo1D 型结构的安全型逻辑控制器，各组件的失效数据见表 8.9。$TI = 8760h$，$MTTR = 8h$，$SD = 24h$，$E = 90\%$，$LT = 10$ 年，计算此 SIF 回路的系统单元的 PFD_{avg} 和 STR 值。

表 8.9　各模块失效数据　　　　　　　　单位：Fit

组件	数量	λ_{SD}	λ_{SU}	λ_{DD}	λ_{DU}
AI 卡件	1	990	10	900	10
模拟量输入 IO 总线	1	48	3	48	3
控制器	1	7430	75	2370	125
开关量输出 IO 总线	1	139	1	57	3
DO 卡件	1	760	40	190	10

将各组件的失效数据相加，得到此 SIF 回路的系统单元 $\lambda_{SD} = 9367\text{Fit}$，$\lambda_{SU} = 129\text{Fit}$，$\lambda_{DD} = 3565\text{Fit}$，$\lambda_{DU} = 151\text{Fit}$。代入式（8.35）和式（8.36），得到 PFD_{avg} 为 1.26×10^{-3}，STR 为 3.13×10^{-4}。

《石油化工安全仪表系统设计规范》（GB/T 50770—2013）中要求"逻辑控制器的中央处理单元、输入输出单元、通信单元及电源单元等，应采用冗余技术"，故 1oo1D 结构的安全型逻辑控制器在化工行业用于紧急停车的场合不多。

基于 1oo1D 结构的不同组合及切断机制，可以延伸出 1oo2D、2oo3D 等带诊断的不同冗余结构的安全型逻辑控制器。

8.3.2　1oo2D 结构

1oo2D 是两个 1oo1D 通道的并联，采用系统降级机制实现容错功能。

1oo2D 结构的安全型逻辑控制器见图 8.18，它由冗余的控制器、冗余的 I/O 卡件组成。因 AO 卡件很少应用于安全仪表系统，故本书中安全型逻辑控制器的输出单元均以 DO 卡为例。输入卡件、控制器、输出卡件均有独立的本级主动诊断式冗余机制，通过通道间的比较可以达到较高的诊断覆盖率。

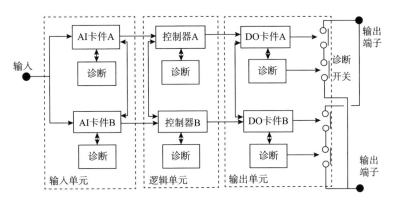

图 8.18　1oo2D 安全型逻辑控制器

　　若输入卡件本身不做信号表决而是传到后级的控制器进行输入表决，控制器对逻辑运算结果也不做就地表决而是送到输出卡件进行集中硬件表决，那么这会使输入卡件、控制器的错误传递到后级设备并最终累积到输出卡件。假如一个通道的输入卡件故障，另外一个通道的控制器故障，则安全型逻辑控制器将会发生故障，故需要逐级分散化冗余方式。表决逻辑架构见图 8.19。

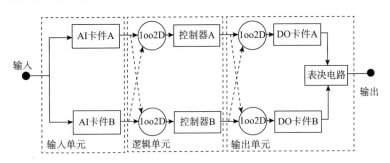

图 8.19　表决逻辑架构

　　输入单元的 1oo2D 表决在逻辑单元中完成。两个通道的输入模块将采集到的信号和诊断结果分别上传给各自的主控制器；两块控制器接收到后通过主板间的通信总线交互信息，然后进行输入单元的 1oo2D 表决，得到一组表决结果。表决由软件程序完成。

　　安全型逻辑控制器的输入卡件主要有 DI 卡、AI 卡、PI 卡等，它们的表决方式有所区别，DI 卡的表决逻辑见表 8.10。当通道之间的比较诊断不一致且系统未发现故障时，系统安全失效。

表 8.10　DI 卡表决逻辑

A 通道输入	B 通道输入	A 通道诊断	B 通道诊断	比较诊断	1oo2D 输出结果	系统状态
正常	正常	未检测到	未检测到	一致	任意通道	正常
正常	DD 或 SD	未检测到	检测到	—	A 通道结果	正常
DD 或 SD	正常	检测到	未检测到	—	B 通道结果	正常
DD 或 SD	DD 或 SD	检测到	检测到	—	安全状态	安全失效
正常	DU	未检测到	未检测到	不一致	安全状态	安全失效
DU	正常	未检测到	未检测到	不一致	安全状态	安全失效
正常	SU	未检测到	未检测到	不一致	安全状态	安全失效
SU	正常	未检测到	未检测到	不一致	安全状态	安全失效
DD 或 SD	DU	检测到	未检测到	—	B 通道结果	危险失效
DU	DD 或 SD	未检测到	检测到	—	A 通道结果	危险失效
DD 或 SD	SU	检测到	未检测到	—	B 通道结果	安全失效
SU	DD 或 SD	未检测到	检测到	—	A 通道结果	安全失效
DU	DU	未检测到	未检测到	一致	任意通道	危险失效
DU	SU	未检测到	未检测到	不一致	安全状态	安全失效
SU	DU	未检测到	未检测到	不一致	安全状态	安全失效
SU	SU	未检测到	未检测到	一致	任意通道	安全失效

　　AI 和 PI 信号在合理的差异范围内取平均值进行逻辑运算。因 DI 卡件只能输出高电平或低电平，故两个通道都发生 DU 或 SU 故障时，表决电路会判断其一致（DU 都会输出高电平，SU 都会输出低电平）。但对于模拟量输入卡件而言，两个通道发生故障时，表决电路可能会判断不一致。表 8.11 是在表 8.10 的基础上对模拟量输入卡件状态判断的补充。

表 8.11　模拟量输入表决逻辑补充

A 通道输入	B 通道输入	A 通道诊断	B 通道诊断	比较诊断	1oo2D 输出结果	系统状态
DU	DU	未检测到	未检测到	不一致	安全状态	安全失效
SU	SU	未检测到	未检测到	不一致	安全状态	安全失效

　　逻辑单元的 1oo2D 表决在输出单元中完成，可以诊断控制器和 IO 总线中存在的故障。控制器完成数据分析处理后，将数据传递给各自的输出卡件；输出卡

件通过模块间的通信总线交互数据，然后进行逻辑单元的 1oo2D 表决，得到一组表决结果。表决由软件程序完成，同上表8.10。

输出单元 DO 卡件的表决电路由硬件完成，不需要软件参与。假设 A 通道 DO 卡件发生故障导致 A 通道输出开关闭合，此故障被诊断电路检测到，那么诊断电路会将其诊断开关断开。此时，只有 B 通道 DO 卡件可以使用，系统降级为 1oo1D，安全型逻辑控制器的输出由 B 通道状态决定，见图8.20。DO 卡件并联式的输出表决电路同 2oo2 结构，两个输出均断开，SIF 回路失电联锁；只要有一个输出闭合，则 SIF 回路输出得电保持。

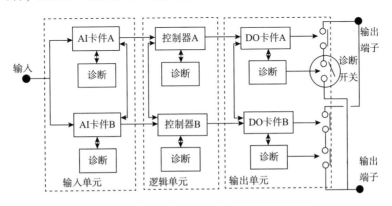

图 8.20 降级后的 1oo2D 安全型逻辑控制器

上述多级错误防御体系能够容忍输入卡件、控制器、输出卡件各出现一个故障(3 个不同部件的故障)。双通道的任何一个环节出现的单一故障均被本级切除而不会波及到后一级，大大提高了安全性和可用性，并有效减少了因集中诊断造成的控制器与 IO 模块间的通信负荷。

1. PFD_{avg} 计算

结合上表8.10 和表8.11，1oo2D 结构中有一个通道发生未检测到的危险失效，另外一个通道无论发生未检测到的危险失效、检测到的危险失效、检测到的安全失效中的哪一个，系统都处于危险失效状态。

危险失效故障树模型见图8.21。

分别计算故障树各中间事件的 PFD_{avg} 值：

(1) A 和 B 发生未检测到的共因危险失效 PFD_{avg} 值同式(8.8)；

(2) A 和 B 中有一个设备发生未检测到的非共因危险失效 PFD_{avg} 值为：

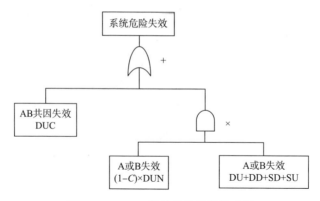

图 8.21　1oo2D 结构危险失效故障树

$$PFD_{avg} = (1 - C) \times \left[\lambda_{DUN} \times MTTR + E\frac{TI}{2}\lambda_{DUN} + (1 - E)\frac{LT}{2}\lambda_{DUN} \right] \quad (8.37)$$

式中，C 为比较程序的诊断覆盖率。

（3）1oo2D 结构的 PFD_{avg} 值分为共因失效部分和非共因失效部分。当其中一个设备发生 DUN，另一个设备同时也发生失效（无论什么类型的失效），且未被比较程序检测到时，系统发生非共因危险失效，公式为：

$$PFD_{avg} = \lambda_{DUC} \times MTTR + E\frac{TI}{2}\lambda_{DUC} + (1 - E)\frac{LT}{2}\lambda_{DUC} + 2(1 - C) \times$$

$$\left[\lambda_{DUN} \times MTTR + E\frac{TI}{2}\lambda_{DUN} + (1 - E)\frac{LT}{2}\lambda_{DUN} \right] \times (\lambda_{S} + \lambda_{D}) \quad (8.38)$$

2. STR 计算

根据表 8.10 的表决逻辑，绘制 1oo2D 结构安全失效故障树，见图 8.22。

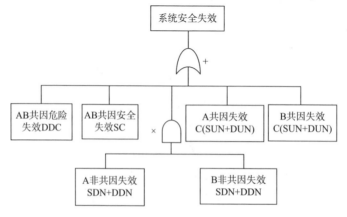

图 8.22　1oo2D 结构安全失效故障树

1oo2D 结构的 *STR* 值为:

$$STR = \left[\lambda_{SC} + \lambda_{DDC} + 2C(\lambda_{SUN} + \lambda_{DUN}) \right] \times SD + \left[(\lambda_{SDN} + \lambda_{DDN}) \times MTTR \right]^2 \quad (8.39)$$

案例 8-11

采用案例 8-10 中的数据,一个变送器和一个切断阀构成 SIF 回路,采用 1oo2D 型结构的安全型逻辑控制器,各组件的失效数据见表 8.12。$TI = 8760h$,$MTTR = 8h$,$SD = 24h$,$E = 90\%$,$LT = 10$ 年,$\beta = 2\%$,$C = 99.9\%$。计算此 SIF 回路的系统单元的 PFD_{avg} 和 *STR* 值。

表 8.12　各模块失效数据　　　　　　　　　　单位:Fit

组件	数量	λ_{SD}	λ_{SU}	λ_{DD}	λ_{DU}
AI 卡件	2	990	10	900	10
模拟量输入 IO 总线	2	48	3	48	3
控制器	2	7430	75	2370	125
开关量输出 IO 总线	2	139	1	57	3
DO 卡件	2	760	40	190	10
求和		9367	129	3565	151

将共因失效因子代入计算,得到 $\lambda_{DUC} = 3.02$,$\lambda_{DUN} = 147.98$,$\lambda_{DDC} = 71.3$,$\lambda_{DDN} = 3493.7$,$\lambda_{SUN} = 126.42$,$\lambda_{SDN} = 9179.66$,$\lambda_{SC} = 189.92$,单位均为 Fit。

代入式(8.38)和式(8.39),得到 PFD_{avg} 为 2.52×10^{-5},*STR* 为 1.94×10^{-5}。相比于 1oo1D 的结果 $PFD_{avg} = 1.26 \times 10^{-3}$ 而言,PFD_{avg} 的值大幅度降低。

8.3.3　2oo4D 结构

有些安全性逻辑控制器的中央处理单元采用四重化冗余 QMR(Quadruple Modular Redundancy)结构,即内置两个 1oo2D 结构 CPU 的冗余控制器,也叫 2oo4D 结构,见图 8.23。

QMR 结构的安全型逻辑控制器降级模式不是 4-3-2-1-0。当其中一个控制器单元的两个 CPU 输出存在差异时,则切换到另一个控制器运行,因此降级模式为 4-2-0。容错能力同 1oo2D 结构,但控制器有着更高的诊断覆盖率。

QMR 结构的控制器常与 1oo2D 冗余结构 IO 卡件配套使用,控制器 PFD_{avg} 和 *STR* 计算同式(8.38)和式(8.39)。

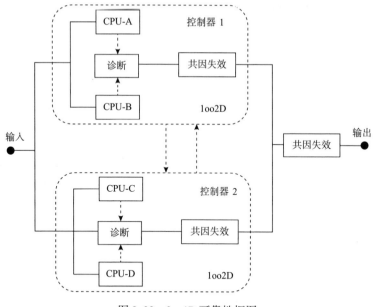

图 8.23 2oo4D 可靠性框图

8.3.4 2oo3D 结构

带诊断的 2oo3 结构(2oo3D)用于 TMR(Triple Modular Redundant，三重化模块冗余)结构的安全型逻辑控制器，见图 8.24。

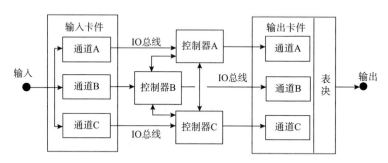

图 8.24 三重化安全型逻辑控制器

单块 I/O 卡件集成了三个通道。输入信号在输入卡件中被分成隔离的三路，通过三个独立的通道分别被送到三个控制器；三个控制器通过高速总线互相通信，控制器之间进行表决(开关量信号 2oo3 表决，模拟量、频率信号在软件上取平均值)。主控制器将表决结果经三个通道输出到输出卡件，结果将在输出卡件中再次进行表决。控制器的表决电路可以规避输入卡件、输入 I/O 总线中一个通道的失效，输出卡件的表决电路可以规避控制器、输出 I/O 总线、输出 I/O 卡件中一个通道的失效。

输入输出卡件、控制器均带诊断电路，但不改变输出，诊断出故障后发出报警，安全型逻辑控制器降级运行。

三重化安全型逻辑控制器的表决逻辑见图 8.25。同 1oo2D 结构的安全型逻辑控制器，输入单元和逻辑单元的表决是在软件上实现的，输出单元的表决是由硬件组成的表决电路实现的，有两个输出闭合则输出 1，有 2 个输出断开则输出 0。

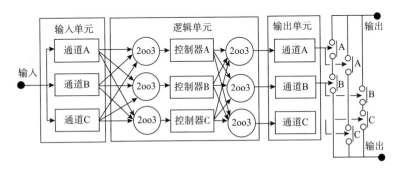

图 8.25　三重化表决逻辑

至于安全型逻辑控制器是选择 QMR 还是 TMR 结构，在行业内已不再争论，各种结构均在不同场合均有较多的应用。安全型逻辑控制器的失效在整个 SIF 回路中占比很小，而且不论是何种结构，使用阶段的日常维护都起着很大的作用。

8.4　多重表决结构

上述章节中的 MooN 结构只是第一重表决，实际应用过程中经常会出现多重表决的联锁结构。在绘制 SIS 联锁逻辑图时，双重表决结构经常被用到。常见的第二重表决结构有 1oo2、2oo2 和 2oo3。三重及以上的表决计算可套用双重表决的公式。

8.4.1　MooN×1oo2 结构

第二重表决结构为 1oo2 的结构示意见图 8.26，1oo2 的输入是两个第一重 MooN 表决(如一个是 1oo2，另一个是 2oo3)后的结果。

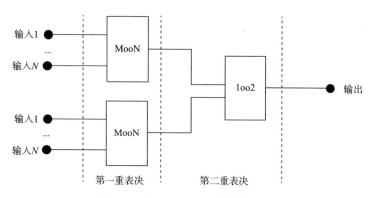

图 8.26   MooN×1oo2 多重表决结构

1. PFD_{avg} 计算

此种双重表决结构的危险失效故障树见图8.27，其中 β 为第二重表决的共因失效因子，PFD_{avg1}、PFD_{avg2} 分别为第二重 1oo2 表决结构的输入值。

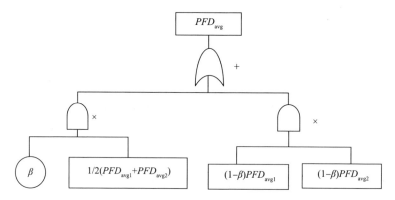

图 8.27   MooN×1oo2 危险失效故障树

PFD_{avg} 仍是由共因失效和非共因失效两个部分组成的。在计算共因失效时取 PFD_{avg1}、PFD_{avg2} 的算术平均值，这样计算结果接近于数量级较大的那个值；如果 PFD_{avg1}、PFD_{avg2} 的数量级相差太大，使用几何平均值会使计算结果偏小。

根据故障树结构可以得出，$MooN \times 1oo2$ 的 PFD_{avg} 值为：

$$PFD_{avg} = \beta \times \frac{PFD_{avg1} + PFD_{avg2}}{2} + (1 - \beta)^2 \times PFD_{avg1} \times PFD_{avg2} \qquad (8.40)$$

同理可以推导出，$MooN \times 1ooK (K \geqslant 2)$ 的 PFD_{avg} 值为：

$$PFD_{avg} = \beta \times \frac{PFD_{avg1} + \cdots + PFD_{avgK}}{K} + (1 - \beta)^K \times PFD_{avg1} \times \cdots \times PFD_{avgK}$$

$$(8.41)$$

2. STR 计算

MooN×1oo2 结构的安全失效故障树见图8.28。

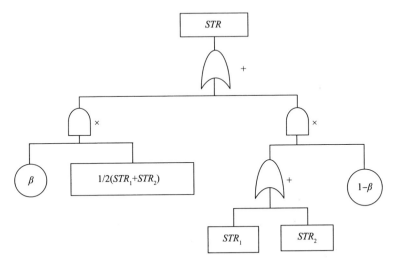

图 8.28　MooN×1oo2 安全失效故障树

可得出其 STR 的值为：

$$STR = \beta \times \frac{STR_{avg1} + STR_{avg2}}{2} + (1 - \beta) \times (STR_{avg1} + STR_{avg2}) \qquad (8.42)$$

同理，MooN×1ooK$(K \geq 2)$ 的 STR 值为：

$$STR = \beta \times \frac{STR_{avg1} + \cdots + STR_{avgK}}{K} + (1 - \beta) \times (STR_{avg1} + \cdots + STR_{avgK}) \qquad (8.43)$$

案例 8-12

　　某 SIF 回路的传感器单元为 3oo5 冗余的温度变送器和 1oo2 冗余的压力变送器再组成 1oo2 二重表决结构。其中 3oo5 冗余的温度变送器 $PFD_{avg} = 1.48 \times 10^{-4}$，$STR = 3.22 \times 10^{-7}$；1oo2 冗余的压力变送器 $PFD_{avg} = 1.88 \times 10^{-5}$，$STR = 3.93 \times 10^{-6}$。假设第二重表决的 1oo2 结构共因失效因子 $\beta = 5\%$，计算此 SIF 回路传感器单元的 PFD_{avg} 和 STR 值。

　　将数值代入式(8.40)和式(8.42)，分别计算出 $PFD_{avg} = 4.17 \times 10^{-6}$，$STR = 4.15 \times 10^{-6}$。

8.4.2　MooN×2oo2 结构

第二重表决结构为 2oo2 的结构示意见图8.29。

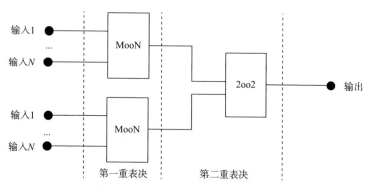

图 8.29 MooN×2oo2 多重表决结构

1. PFD_{avg} 计算

MooN×2oo2 结构的危险失效故障树同 MooN×1oo2 结构的安全失效故障树，见图 8.30。

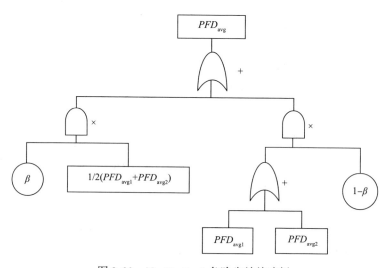

图 8.30 MooN×2oo2 危险失效故障树

根据故障树结构可以得出，MooN×2oo2 的 PFD_{avg} 值为：

$$PFD_{avg} = \beta \times \frac{PFD_{avg1} + PFD_{avg2}}{2} + (1 - \beta) \times (PFD_{avg1} + PFD_{avg2}) \quad (8.44)$$

可以进一步推导出 MooN×KooK($K \geq 2$)的 PFD_{avg} 值为：

$$PFD_{avg} = \beta \times \frac{PFD_{avg1} + \cdots + PFD_{avgK}}{K} + (1 - \beta) \times (PFD_{avg1} + \cdots + PFD_{avgK})$$

$$(8.45)$$

2. STR 计算

MooN×2oo2 结构的安全失效故障树同 MooN×1oo2 结构的危险失效故障树，见图 8.31。

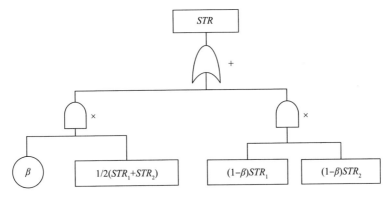

图 8.31 MooN×2oo2 安全失效故障树

可得出其 STR 的值为：

$$STR = \beta \times \frac{STR_{avg1} + STR_{avg2}}{2} + (1-\beta)^2 \times STR_{avg1} \times STR_{avg2} \tag{8.46}$$

进一步推导出 MooN×KooK($K \geq 2$) 的 STR 值为：

$$STR = \beta \times \frac{STR_{avg1} + \cdots + STR_{avgK}}{K} + (1-\beta)^K \times (STR_{avg1} \times \cdots \times STR_{avgK}) \tag{8.47}$$

案例 8-13

某 SIF 回路的传感器单元为 3oo5 冗余的温度变送器和 1oo2 冗余的压力变送器再组成 2oo2 二重表决结构。其中 3oo5 冗余的温度变送器 $PFD_{avg} = 1.48 \times 10^{-4}$，$STR = 3.22 \times 10^{-7}$；1oo2 冗余的压力变送器 $PFD_{avg} = 1.88 \times 10^{-5}$，$STR = 3.93 \times 10^{-6}$。假设第二重表决的 2oo2 结构共因失效因子 $\beta = 5\%$，计算此 SIF 回路传感器单元的 PFD_{avg} 和 STR 值。

将数值代入式（8.44）和式（8.46），分别计算出 $PFD_{avg} = 1.63 \times 10^{-4}$，$STR = 1.06 \times 10^{-7}$。

8.4.3 MooN×2oo3 结构

第二重表决结构为 2oo3 的结构示意见图 8.32。

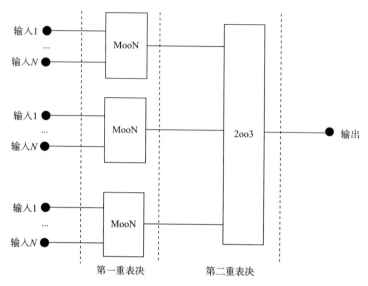

图 8.32　MooN×2oo3 多重表决结构

1. PFD_{avg} 计算

MooN×2oo3 结构的危险失效故障树见图 8.33。

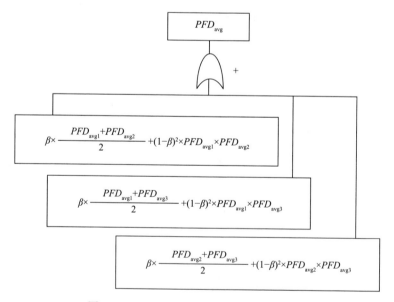

图 8.33　MooN×2oo3 结构危险失效故障树

可以得出，MooN×2oo3 的 PFD_{avg} 值为：

$$PFD_{avg} = \beta \times (PFD_{avg1} + PFD_{avg2} + PFD_{avg3}) + (1-\beta)^2 \times$$
$$(PFD_{avg1} \times PFD_{avg2} + PFD_{avg1} \times PFD_{avg3} + PFD_{avg2} \times PFD_{avg3}) \quad (8.48)$$

2. STR 计算

MooN×2oo3 结构的安全失效故障树见图 8.34。

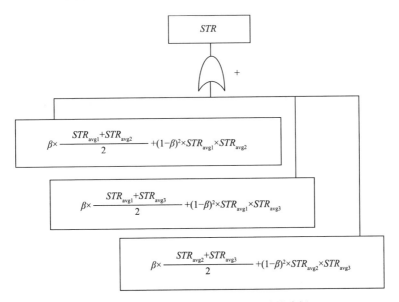

图 8.34 MooN×2oo3 结构安全失效故障树

得出 MooN×2oo3 的 STR 值为:

$$STR_{avg} = \beta \times (STR_{avg1} + STR_{avg2} + STR_{avg3}) + (1-\beta)^2 \times$$
$$(STR_{avg1} \times STR_{avg2} + STR_{avg1} \times STR_{avg3} + STR_{avg2} \times STR_{avg3}) \quad (8.49)$$

案例 8-14

某 SIF 回路的传感器单元为 3oo5 冗余的温度变送器、1oo2 冗余的压力变送器、2oo2 冗余的压力变送器再组成 2oo3 二重表决结构。其中 3oo5 冗余的温度变送器 $PFD_{avg} = 1.48 \times 10^{-4}$,$STR = 3.22 \times 10^{-7}$;1oo2 冗余的压力变送器 $PFD_{avg} = 1.88 \times 10^{-5}$,$STR = 3.93 \times 10^{-6}$;2oo2 冗余的压力变送器 $PFD_{avg} = 7.29 \times 10^{-4}$,$STR = 1 \times 10^{-7}$。假设第二重表决的 2oo3 结构共因失效因子 $\beta = 5\%$,计算此 SIF 回路传感器单元的 PFD_{avg} 和 STR 值。

将数值代入式(8.48)和式(8.49),分别计算出 $PFD_{avg} = 4.48 \times 10^{-5}$,$STR = 2.18 \times 10^{-6}$。

参考式(8.31)，$\mathrm{MooN} \times \mathrm{JooK}(J \geqslant 2, K \geqslant 3, J < K)$第二重表决结构，当第一重表决的结果发生$(K-J+1)$及以上危险失效时系统危险失效，可将不同 MooN 结构的 PFD_{avg} 值取平均数，得出：

$$PFD_{avg\_MooN \times JooK} = \sum_{i=(K-J+1)}^{(K-1)} \left\{ C_K^i \times \left\{ \beta \times PFD_{avg\_平均值} + \left[(1-\beta) \times PFD_{avg\_平均值} \right]^i \right\} \right\}$$

$$(8.50)$$

安全失效概率由 C_K^J 个 1ooJ 表决结构 STR 值组成，计算公式为：

$$STR_{avg} = \beta \times (STR_{avg1} + \cdots + STR_{avgK}) + (1-\beta)^J \times$$
$$(STR_{avg1} \times STR_{avg2} + \cdots + STR_{avg(C_K^J - 1)} \times STR_{avgC_K^J})$$

$$(8.51)$$

8.5 公式汇总

将上述各个章节的公式汇总如下(见表8.13、表8.14)。编制 Excel 函数或计算机程序可实现烦琐的数学计算。

表8.13 PFD_{avg}计算公式

表决结构	计算公式	备注
1oo1	$\lambda_D \times MTTR + E \dfrac{TI}{2}\lambda_{DU} + (1-E)\dfrac{LT}{2}\lambda_{DU}$	
1ooN	$\lambda_{DC} \times MTTR + E \dfrac{TI}{2}\lambda_{DUC} + (1-E)\dfrac{LT}{2}\lambda_{DUC} + \left[\lambda_{DN} \times MTTR + E \dfrac{TI}{2}\lambda_{DUN} + (1-E)\dfrac{LT}{2}\lambda_{DUN} \right]^N$	$N \geqslant 2$
NooN	$\lambda_{DC} \times MTTR + E \dfrac{TI}{2}\lambda_{DUC} + (1-E)\dfrac{LT}{2}\lambda_{DUC} + N\left[\lambda_{DN} \times MTTR + E \dfrac{TI}{2}\lambda_{DUN} + (1-E)\dfrac{LT}{2}\lambda_{DUN} \right]$	$N \geqslant 2$
MooN	$PFD_{avg\_MooN} = \sum\limits_{K=(N-M+1)}^{(N-1)} (C_N^K \times PFD_{avg\_1ooK})$	$M \geqslant 2$, $N \geqslant 3$, $M < N$
1oo1D	$\lambda_{DU} \times MTTR + E \dfrac{TI}{2}\lambda_{DU} + (1-E)\dfrac{LT}{2}\lambda_{DU}$	
1oo2D	$\lambda_{DUC} \times MTTR + E \dfrac{TI}{2}\lambda_{DUC} + (1-E)\dfrac{LT}{2}\lambda_{DUC} + 2(1-C) \times \left[\lambda_{DUN} \times MTTR + E \dfrac{TI}{2}\lambda_{DUN} + (1-E)\dfrac{LT}{2}\lambda_{DUN} \right] \times (\lambda_S + \lambda_D)$	

续表

表决结构	计算公式	备注
双重表决		
MooN×1ooK	$\beta \times \dfrac{PFD_{\text{avg}1} + \cdots + PFD_{\text{avg}K}}{K} + (1-\beta)^K \times PFD_{\text{avg}1} \times \cdots \times PFD_{\text{avg}K}$	$K \geqslant 2$
MooN×KooK	$\beta \times \dfrac{PFD_{\text{avg}1} + \cdots + PFD_{\text{avg}K}}{K} + (1-\beta) \times (PFD_{\text{avg}1} + \cdots + PFD_{\text{avg}K})$	$K \geqslant 2$
MooN×JooK	$PFD_{\text{avg\_MooN}\times\text{JooK}} = \displaystyle\sum_{i=(K-J+1)}^{(K-1)} \left\{ C_K^i \times \left\{ \beta \times PFD_{\text{avg\_平均值}} + \left[(1-\beta) \times PFD_{\text{avg\_平均值}} \right]^i \right\} \right\}$	$J \geqslant 2$ $K \geqslant 3$ $J < K$

表8.14 *STR* 计算公式

表决结构	计算公式	备注
1oo1	$\lambda_S \times SD$	
1ooN	$(\lambda_{SC} + N \times \lambda_{SN}) \times SD$	$N \geqslant 2$
NooN	$\lambda_{SC} \times SD + (\lambda_{SDN} \times MTTR + \dfrac{TI}{2}\lambda_{SUN})^N$	$N \geqslant 2$
MooN	$C_N^M \times \left[\lambda_{SC} \times SD + (\lambda_{SN} \times MTTR + \dfrac{TI}{2}\lambda_{SUN})^M \right]$	$M \geqslant 2$ $N \geqslant 3$ $M < N$
1oo1D	$(\lambda_S + \lambda_{DD}) \times SD$	
1oo2D	$\left[\lambda_{SC} + \lambda_{DDC} + 2C(\lambda_{SUN} + \lambda_{DUN}) \right] \times SD + \left[(\lambda_{SDN} + \lambda_{DDN}) \times MTTR \right]^2$	
双重表决		
MooN×1ooK	$\beta \times \dfrac{STR_{\text{avg}1} + \cdots + STR_{\text{avg}K}}{K} + (1-\beta) \times (STR_{\text{avg}1} + \cdots + STR_{\text{avg}K})$	$K \geqslant 2$
MooN×KooK	$\beta \times \dfrac{STR_{\text{avg}1} + \cdots + STR_{\text{avg}K}}{K} + (1-\beta)^K \times (STR_{\text{avg}1} \times \cdots \times STR_{\text{avg}K})$	$K \geqslant 2$
MooN×JooK	$\beta \times (STR_{\text{avg}1} + \cdots + STR_{\text{avg}K}) + (1-\beta)^J \times (STR_{\text{avg}1} \times STR_{\text{avg}2} + \cdots + STR_{\text{avg}(C_K^J-1)} \times STR_{\text{avg}C_K^J})$	$J \geqslant 2$ $K \geqslant 3$ $J < K$

对于同型号设备组成的不同表决结构，不考虑诊断和降级时按照安全性（拒动率）从高到低排序为 1oo3 > 1oo2 > 2oo3 > 1oo1 > 2oo2 > 3oo3；不考虑诊断和降级时按照可用性（误动率）从高到底排序为 3oo3 > 2oo2 > 2oo3 > 1oo1 > 1oo2 > 1oo3。

IEC61508.6 和 ISA TR 84.00.02 中，分别给出了可靠性框图和简化方程的方式，也是用公式的形式进行计算的。它们都是计算 PFD_{avg} 和 STR 的有效方法，计算结果数量级相差不大，本书不一一列举。

8.6 小 结

本章内容是不同 MooN 结构的 PFD_{avg} 和 STR 值推导过程，通过数学的方式去理解各参数对 PFD_{avg} 和 STR 的影响。在实际应用中可以忽略这些复杂的数学计算过程，毕竟目标是通过数学方法解决 SIF 配置问题，而不是仅仅研究数学本身。

从计算公式推导过程中可以看出 SIF 回路中的设备质量（失效数据）、MooN 冗余结构的共因失效、周期性检验测试的频率、离线诊断的覆盖率、设备的有效使用寿命均会对 PFD_{avg} 的值产生很大的影响。总体来说，设备质量越好、共因失效概率越小、周期性检验周期越短、离线诊断覆盖率越高、设备换新频率越快的 SIF 回路，在要求动作时发生失效的概率越低。

故 SIL 验证的意义在于，通过数学的方法去定量分析各个参数对于风险结果的影响。SIL 验证能够有效指导设计过程中 SIF 回路结构性约束的配置、共因失效的规避，促进设备厂商通过安全功能认证的过程提升产品质量，完善维护过程中定期检验、维修、更换等管理制度，对安全管理有着积极的意义。

参考文献

[1]Committee IT – 006. AS IEC61131.6：2014 Programmable controllers Part 6：Functional safety [J]. Australia：SAI Global Limited，2014.

[2]冯晓升，熊文泽，潘钢，等. GB/T 20438—2017 电气/电气/可编程电子安全相关系统的功能安全[S]. 北京：中国标准出版社，2017.

[3]W. Johnson, Jr., V. Maggioli, Sr., D. Zetterberg. ISA – TR84.00.02—2015 Safety Integrity Level（SIL）Verification of Safety Instrumented Functions[J]. USA：ISA Standards and Practices Board，2015.

[4]阳宪惠，郭海涛. 安全仪表系统的功能安全[M]. 北京：清华大学出版社，2007.

[5]Paul Gruhn, Harry Cheddie. Safety Instrumented Systems – Design, Analysis and Justification [M]. USA：ISA Standards and Practices Board，2006.

[6]李彦平. 基于1oo2D 架构的高安全级 DCS 平台的研究[J]. 机电产品开发与创新，2016，

29(2)：17 – 20.

[7]姜坚华．1oo2D 模型分析及其在地铁列车自动防护系统中的应用[J]．城市轨道交通研究，

2011，6：25 – 28.

[8]宋岩，王天然，徐皑冬，等．基于1oo2D 体系结构的高可用安全仪表[J]．信息与控制，

2013，42(4)：521 – 528.

[9]《石油化工仪表自动化培训教材》编写组．安全仪表控制系统(SIS)[M]．北京：中国石化

出版社，2009.

[10]刘康宁．三冗余控制系统简介[J]．自动化博览，2017，4：94 – 98.

第9章 马尔可夫模型

马尔可夫(Markov,或译马尔科夫)模型广泛应用于概率计算领域。马尔可夫模型比故障树模型建模要复杂,且需依赖计算机程序求解多阶矩阵的值。但在建立马尔可夫模型的过程中,建模者能够充分理解设备失效转移的过程,并可以计算出设备运行到某个时刻各失效状态的概率值。

因含危险状态转移和安全状态转移的完整马尔可夫模型过于复杂,本章只针对危险状态转移的建模,选取几种常见的 MooN 结构求解其 PFD_{avg} 值。误动率 STR 的马尔可夫模型可根据本章节内容重新建模(中间转移状态有区别)。

9.1 概 念

以一个简单的马尔可夫模型为例,如图9.1所示,圆圈代表系统的状态,箭头代表状态转移方向,横线上面的数字代表转移概率。图中系统存在 A 和 B 两个状态,其中 A 向 B 转移的概率为 λ,B 向 A 转移的概率为 μ。

可以用矩阵表示概率转移,矩阵的行和列表示系统的状态,矩阵每行的概率和为1。图9.1可拓展成图9.2,A 向 B 转移的概率为 λ,则 A 向 A 自身转移的概率为 $1-\lambda$。

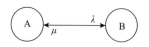

图 9.1 简单的马尔可夫模型

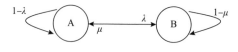

图 9.2 简单的马尔可夫模型拓展

将状态转移概率填入到矩阵中。

$$
\begin{array}{ccc}
 & A & B \\
A & 1-\lambda & \lambda \\
B & \mu & 1-\mu
\end{array}
$$

故图 9.2 系统的转移矩阵 P 为：

$$P = \begin{pmatrix} 1-\lambda & \lambda \\ \mu & 1-\mu \end{pmatrix}$$

转移矩阵是马尔可夫模型的核心。假设系统初始状态 S^0，因系统的下一个状态仅取决于当前状态，故 n 次系统状态为：

$$S^n = S^{(n-1)} \times P = S^0 \times P^{(n-1)} \qquad (9.1)$$

9.2 1oo1 结构

1oo1 结构的马尔可夫模型见图 9.3。图 9.3 中有正常（OK）、安全失效（FS，Failure of Safe）、检测出的危险失效（FDD，Failure of Dangerous Detected），以及未检测出的危险失效（FDU，Failure of Dangerous UN‑detected）四种状态。考虑不完全的周期性检验测试，可以将 FDU 细分为 FDU1（未检测出的危险失效在周期性检验中修复）和 FDU2（未检测出的危险失效在周期性检验中未被修复）。

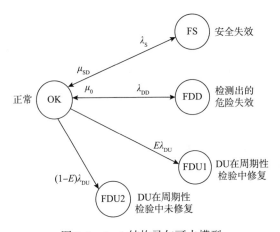

图 9.3 1oo1 结构马尔可夫模型

各状态之间转移如下：

(1)当设备发生安全失效并从 OK 状态向 FS 状态转移时，转移概率为 λ_s；

(2)安全失效会造成误停车，经过维修后的系统能够再次正常使用，转移概率为 μ_{SD}，其值为平均重启时间 SD 的倒数。

$$\mu_{SD} = 1/SD \qquad (9.2)$$

(3)当设备发生检测出的危险失效时，从 OK 状态转移到 FDD 状态的转移概

率为 λ_{DD}。

（4）当设备检测出危险失效后，维护人员需对其进行修复。这里假设检测出的危险失效能够完全恢复，故 FDD 状态向 OK 状态的转移概率为 μ_0，其值为 MTTR 的倒数。

$$\mu_0 = 1/MTTR \tag{9.3}$$

（5）当设备发生未检测出的危险失效能够在周期性检验测试中修复时，OK 状态向 FDU1 状态转移的概率为 $E\lambda_{DU}$。

（6）当设备发生未检测出的危险失效不能够在周期性检验测试中修复时，OK 状态向 FDU2 状态转移的概率为 $(1-E)\lambda_{DU}$。

故 1oo1 结构的马尔可夫模型转移矩阵 P 为：

$$P = \begin{array}{c} \\ OK \\ FS \\ FDD \\ FDU1 \\ FDU2 \end{array} \begin{array}{ccccc} OK & FS & FDD & FDU1 & FDU2 \\ 1-\Sigma & \lambda_S & \lambda_{DD} & E\lambda_{DU} & (1-E)\lambda_{DU} \\ \mu_{SD} & 1-\mu_{SD} & 0 & 0 & 0 \\ \mu_0 & 0 & 1-\mu_0 & 0 & 0 \\ 0 & 0 & 0 & 1 & 0 \\ 0 & 0 & 0 & 0 & 1 \end{array}$$

如果设备发生检测到危险失效或未检测到的危险失效，那么系统将发生危险失效，故 1oo1 结构系统的 *PFD* 为 FDD 概率、FDU1 概率、FDU2 概率之和。式（9.1）可用于计算系统内各状态每个小时的概率，取其危险失效概率之和，计算出要求时的平均失效概率 PFD_{avg}。

$$PFD_{avg} = \frac{1}{LT} \sum_{n=1}^{LT} (S^n \times [0 \quad 0 \quad 1 \quad 1 \quad 1]^T) \tag{9.4}$$

案例 9-1

采用案例 8-2 中的数据，某阀门不带部分行程测试时，$\lambda_{SU} = 132\text{Fit}$，$\lambda_{SD} = 40\text{Fit}$，$\lambda_{DD} = 120\text{Fit}$，$\lambda_{DU} = 601\text{Fit}$，$TI = 8760\text{h}$，$MTTR = 8\text{h}$，$SD = 24\text{h}$，$E = 85\%$，$LT = 10$ 年。计算此阀门要求时的平均失效概率 PFD_{avg}。

将数据代入 1oo1 结构的马尔可夫模型转移矩阵 P 中，得到：

$$P = \begin{pmatrix} 0.999999107 & 0.000000172 & 0.00000012 & 0.000000511 & 0.00000009 \\ 0.0417 & 0.9583 & 0 & 0 & 0 \\ 0.125 & 0 & 0.875 & 0 & 0 \\ 0 & 0 & 0 & 1 & 0 \\ 0 & 0 & 0 & 0 & 1 \end{pmatrix}$$

系统的初始状态 $S^0 = [1\ 0\ 0\ 0\ 0]$，可采用计算机编程计算。下文为部分计算机程序代码，以方便读者了解其计算过程，不作为商业用途使用。

```
% 程序初始化设置
clc
clear
format long
% 定义初始值
S0(1,:) = [1 0 0 0 0];
p = [0.999999107 0.000000172 0.00000012 0.000000511 0.00000009;
0.0417 0.9583 0 0 0;0.125 0 0.875 0 0;0 0 0 1 0;0 0 0 0 1];
% 计算每小时的 PFD
for i = 1:10 % 在 10 年内循环计算
    S(1,:) = S0; % 定义初始值
        for j = 1:8760   % 计算 8760 小时内每个小时的系统状态
            S(j+1,:) = S(j,:)*p;
        end
    PFD(:,i) = S*[0 0 1 1 1];% 计算 10 年内各小时的 PFD 值
    S0 = [(1-S(j,5)) 0 0 0 S(j,5)];% 下一年的 S0 初始值是上一年周期性检验测
试后残留的风险
end
% 计算 PFDavg
PFDavg = sum(PFD*ones(10,1))/87600 % 10 年循环求和再求平均值
```

首先计算第一个周期性检验周期内的每个小时的 PFD 值，到 8760h 后检测出来的危险失效被部分修复，第二个周期性检验周期的初始值变为$[1 - \text{FDU2}\_8760\ 0\ 0\ 0\ \text{FDU2}\_8760]$（其中 FDU2_8760 为第一个周期性检验测试周期中未被修复的危险失效概率），进行再次循环计算。

计算每小时的 PFD 值，绘制 PFD 值曲线（见图 9.4），横坐标为运行时间（单位 h），纵坐标为 PFD 值。

取 10 年内 PFD 的平均数，得出结果 $PFD_{\text{avg}} = 6.15 \times 10^{-3}$。案例 8 - 2 使用故障树模型计算的结果为 $PFD_{\text{avg}} = 6.19 \times 10^{-3}$。比较发现，使用马尔可夫模型计算出此阀门的 PFD_{avg} 值与故障树模型计算出的值相差很小。

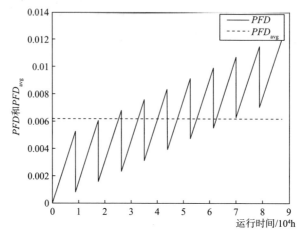

图 9.4　案例 9 – 1 的 PFD 和 PFD_{avg} 曲线

9.3　1oo1D 结构

1oo1D 结构的马尔可夫模型见图 9.5，相比 1oo1 结构少了一个 FDD 状态，当系统检测到危险失效时，输出安全状态。

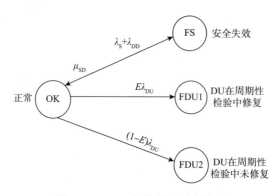

图 9.5　1oo1D 结构马尔可夫模型

1oo1D 结构的马尔可夫模型转移矩阵 P 为：

$$P = \begin{array}{c|cccc} & \text{OK} & \text{FS} & \text{FDU1} & \text{FDU2} \\ \text{OK} & 1 - \sum & \lambda_S + \lambda_{DD} & E\lambda_{DU} & (1-E)\lambda_{DU} \\ \text{FS} & \mu_{SD} & 1 - \mu_{SD} & 0 & 0 \\ \text{FDU1} & 0 & 0 & 1 & 0 \\ \text{FDU2} & 0 & 0 & 0 & 1 \end{array}$$

矩阵中 $\sum$ 表示矩阵元素所在行除该元素外其他元素之和。

案例 9 - 2

使用案例 8 - 10 中的数据，$\lambda_{SD} = 9367\text{Fit}$，$\lambda_{SU} = 129\text{Fit}$，$\lambda_{DD} = 3565\text{Fit}$，$\lambda_{DU} = 151\text{Fit}$，$TI = 8760\text{h}$，$SD = 24\text{h}$，$E = 90\%$，$LT = 10$ 年。

得到此 SIF 回路系统单元在 1oo1D 结构下马尔可夫模型的转移矩阵 P 为：

$$P = \begin{pmatrix} 0.999986788 & 0.000013061 & 0.0000001359 & 0.0000000151 \\ 0.0417 & 0.9583 & 0 & 0 \\ 0 & 0 & 1 & 0 \\ 0 & 0 & 0 & 1 \end{pmatrix}$$

系统的初始状态 $S^0 = \begin{bmatrix} 1 & 0 & 0 & 0 \end{bmatrix}$，同 1oo1 结构马尔可夫模型一样使用计算机程序进行计算。需要注意的是，1oo1 结构的转移矩阵是 5×5 矩阵，而 1oo1D 的转移矩阵为 4×4 矩阵，故在计算机程序算法上要稍作调整：

```
% 程序初始化设置
clc
clear
format long
% 定义初始值
S0(1,:) = [1 0 0 0];
p = [0.999986788 0.000013061 0.0000001359 0.0000000151;0.0417 0.9583
0 0;0 0 1 0;0 0 0 1];
% 计算每小时的 PFD
for i = 1:10  % 在 10 年内循环计算
    S(1,:) = S0;  % 定义初始值
        for j = 1:8760   % 计算 8760 小时内每个小时的系统状态
            S(j + 1,:) = S(j,:) * p;
        end    PFD(:,i) = S * [0 0 1 1];% 计算 10 年内各小时的 PFD 值
    S0 = [(1 - S(j,4)) 0 0 S(j,4)];% 下一年的 S0 初始值是上一年周期性检验测
试后残留的风险
    clear S% 清除中间数据
end
% 计算 PFDavg
PFDavg = sum(PFD * ones(10,1))/87600% 10 年循环求和再求平均值
```

马尔可夫模型计算结果为 $PFD_{avg} = 1.26 \times 10^{-3}$，案例 8 – 10 中故障树模型计算的结果为 $PFD_{avg} = 1.26 \times 10^{-3}$，二者结果一致。

9.4 1oo2 结构

图 9.6 为 1oo2 结构的马尔可夫模型。

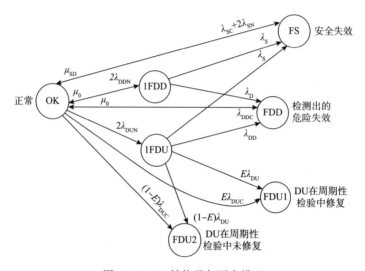

图 9.6 1oo2 结构马尔可夫模型

相比于 1oo1 结构，1oo2 结构的马尔可夫模型中多了两个中间状态，分别是降级后检测出的危险失效 1FDD(degraded – 1 Failure of Dangerous Detected)，降级后未检测出的危险失效 1FDU(degraded – 1 Failure of Dangerous Un – detected)。

系统中部分状态转移如下：

(1)OK 向 FS 状态转移：其中一个设备发生安全失效或两个设备发生共因安全失效，转移概率为($\lambda_{SC} + 2\lambda_{SN}$)。

(2)OK 向 1FDD 状态转移：其中一个设备发生被检测到的非共因危险失效，转移概率为 $2\lambda_{DDN}$。

(3)OK 向 1FDU 状态转移：其中一个设备发生未被检测到的非共因危险失效时，转移概率为 $2\lambda_{DUN}$。

(4)OK 向 FDD 状态转移：两个设备发生检测出的共因危险失效，转移概率为 λ_{DDC}。

（5）OK 向 FDU1 状态转移：两个设备发生未检测出的共因危险失效且在周期性测试中能够修复，转移概率为 $E\lambda_{DUC}$。

（6）OK 向 FDU2 状态转移：两个设备发生未检测出的共因危险失效但在周期性测试中不能修复，转移概率为 $(1-E)\lambda_{DUC}$。

（7）1FDD 向 FS 状态转移：此时 1oo2 结构降级为 1oo1 结构，当剩下的设备发生安全失效后，则整个系统发生安全失效，故转移概率为单设备发生安全失效的概率 λ_S。同理，1FDU 向 FS 状态转移概率也为 λ_S。

（8）1FDD 向 FDD 状态转移：当其中一个设备发生检测到的危险失效后，另一个设备也发生危险失效，转移概率为单设备发生危险失效的概率 λ_D。因 1FDD 状态是由 OK 状态转移过来的（当其中一个设备发生检测到的危险失效后），故 1FDD 无法再向系统未检测出的危险失效 FDU1 和 FDU2 转移。

（9）1FDU 向 FDD 状态转移：区别于 1FDD 向 FDD 状态转移的是，OK 状态时一个设备发生未检测到的危险失效向 1FDU 状态转移，故 1FDU 仍可能转移到 FDD 状态，转移概率为单设备检测到的危险失效概率 λ_{DD}。

（10）1FDU 向 FDU1 状态转移：系统降级到 1oo1 结构后，发生未检测到的危险失效且在周期性测试中能够修复，转移概率 $E\lambda_{DU}$。

（11）1FDU 向 FDU2 状态转移：系统降级到 1oo1 结构后，发生未检测到的危险失效但在周期性测试中不能修复，转移概率 $(1-E)\lambda_{DU}$。

1oo2 结构马尔可夫模型转移矩阵 P 为：

$$
P=\begin{array}{c|ccccccc}
 & \text{OK} & \text{1FDD} & \text{1FDU} & \text{FS} & \text{FDD} & \text{FDU1} & \text{FDU2} \\
\hline
\text{OK} & 1-\Sigma & 2\lambda_{DDN} & 2\lambda_{DUN} & \lambda_{SC}+2\lambda_{SN} & \lambda_{DDC} & E\lambda_{DUC} & (1-E)\lambda_{DUC} \\
\text{1FDD} & \mu_0 & 1-\Sigma & 0 & \lambda_s & \lambda_D & 0 & 0 \\
\text{1FDU} & 0 & 0 & 1-\Sigma & \lambda_S & \lambda_{DD} & E\lambda_{DU} & (1-E)\lambda_{DU} \\
\text{FS} & \mu_{SD} & 0 & 0 & 1-\mu_{SD} & 0 & 0 & 0 \\
\text{FDD} & \mu_0 & 0 & 0 & 0 & 1-\mu_0 & 0 & 0 \\
\text{FDU1} & 0 & 0 & 0 & 0 & 0 & 1 & 0 \\
\text{FDU2} & 0 & 0 & 0 & 0 & 0 & 0 & 1
\end{array}
$$

案例9-3

取案例8-4中的数据，雷达液位计和音叉开关构成1oo2冗余结构，$TI = 8760\text{h}$，$MTTR = 8\text{h}$，$SD = 24\text{h}$，$E = 85\%$，$LT = 10$ 年，$\lambda_{DD} = 52\text{Fit}$，$\lambda_{DU} = 45\text{Fit}$，$\lambda_{DDC} = 0.52\text{Fit}$，$\lambda_{DDN} = 51.48\text{Fit}$，$\lambda_{DUC} = 0.45\text{Fit}$，$\lambda_{DUN} = 44.55\text{Fit}$，$\lambda_{DC} = 0.97\text{Fit}$，$\lambda_{DN} = 96.03\text{Fit}$；$\lambda_{SD} = 26\text{Fit}$，$\lambda_{SU} = 20\text{Fit}$，$\lambda_{SDC} = 0.26\text{Fit}$，$\lambda_{SDN} = 25.74\text{Fit}$，$\lambda_{SUC} = 0.2\text{Fit}$，$\lambda_{SUN} = 19.8\text{Fit}$，$\lambda_{SC} = 0.46\text{Fit}$，$\lambda_{SN} = 45.54\text{Fit}$。

代入上述转移矩阵中，得到转移矩阵 P 为：

$$P = \begin{pmatrix} 0.99999971543 & 0.00000010296 & 0.0000000891 & 0.00000009154 & 0.0000000052 & 0.000000003825 & 0.000000000675 \\ 0.125 & 0.874999857 & 0 & 0.000000046 & 0.000000097 & 0 & 0 \\ 0 & 0 & 0.999999857 & 0.000000046 & 0.000000052 & 0.00000003825 & 0.0000000675 \\ 0.0417 & 0 & 0 & 0.9583 & 0 & 0 & 0 \\ 0.125 & 0 & 0 & 0 & 0.875 & 0 & 0 \\ 0 & 0 & 0 & 0 & 0 & 1 & 0 \\ 0 & 0 & 0 & 0 & 0 & 0 & 1 \end{pmatrix}$$

系统的初始状态 $S^0 = [1\,0\,0\,0\,0\,0\,0]$，1oo2 结构的转移矩阵为 7×7 矩阵，使用计算机程序进行计算：

```
% 程序初始化设置
clc
clear
format long
% 定义初始值
S0(1,:) = [1 0 0 0 0 0 0];
p = [ 0.99999971543  0.00000010296  0.0000000891  0.00000009154
0.00000000052  0.0000000003825  0.0000000000675; 0.125  0.874999857  0
0.000000046  0.000000097 0 0; 0 0 0.999999857 0.000000046 0.000000052
0.00000003825 0.00000000675;0.0417 0 0 0.9583 0 0 0;0.125 0 0 0 0.875 0 0;0
0 0 0 0 1 0;0 0 0 0 0 0 1];
% 计算每小时的 PFD
for i = 1:10 % 在 10 年内循环计算
    S(1,:) = S0;% 定义初始值
    for j = 1:8761   % 计算 8760 小时内每个小时的系统状态
        S(j+1,:) = S(j,:) *p;
    end
```

```
PFD(:,i) = S * [0 0 0 0 1 1 1]';% 计算10年内各小时的 PFD 值
S0 = [(1 - S(j,7)) 0 0 0 0 0 S(j,7)];% 下一年的 S0 初始值是上一年周期性
```
检验测试后残留的风险
```
    clear S % 清除中间数据
end
% 计算 PFD_avg
PFD_avg = sum( PFD * ones(10,1))/87600 % 10 年循环求和再求平均值
```

得出结果 $PFD_{avg} = 4.79 \times 10^{-6}$，案例 8-4 中使用故障树模型计算的结果为 $PFD_{avg} = 4.85 \times 10^{-6}$，二者结果相差很小。

9.5 1oo2D 结构

1oo2D 结构马尔可夫模型见图 9.7，相比于 1oo2 结构的马尔可夫模型多了一个中间状态 1FSU(degraded - 1 Failure of Safe Un - detected)，即有一个设备发生未检测出的安全失效。1oo2 结构马尔可夫模型的中间状态 1FDD 变为 1FD(degraded - 1 Failure Detected)，即有一个设备发生检测出的安全或危险失效。

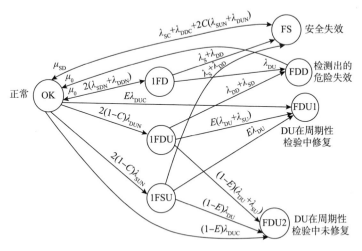

图 9.7 1oo2D 结构马尔可夫模型

部分状态转移过程如下：

(1)OK 向 FS 状态转移：两个设备发生共因安全失效 SC，检测出的共因危险

失效 DDC 中的一个，或其中一个设备发生未检测的非共因安全失效 SUN，或危险失效 DUN 且被比较程序诊断到，转移概率为 $\lambda_{SC}+\lambda_{DDC}+2C(\lambda_{SUN}+\lambda_{DUN})$。

（2）OK 向 1FD 状态转移：其中一个设备发生检测到的非共因安全失效 SDN 或危险失效 DDN，转移概率为 $2(\lambda_{SDN}+\lambda_{DDN})$。

（3）1FD 向 FS 状态转移：当一个设备已经检测到故障，若另一个设备此时也发生安全失效或检测出的危险失效 DD 时，系统安全失效，转移概率为 $\lambda_S+\lambda_{DD}$。

（4）1FD 向 FDD 状态转移：一个设备已经检测到故障，另一个设备也发生未检测出的危险失效 DU，转移概率为 λ_{DU}。

（5）OK 向 1FDU 状态转移：其中一个设备发生未检测到的非共因危险失效 DUN 且未被比较程序发现，转移概率为 $2(1-C)\lambda_{DUN}$。

（6）1FDU 向 FDD 状态转移：其中一个设备发生未检测到的危险失效 DUN，此时另一个设备发生检测到的危险失效 DD 或安全失效 SD，系统危险失效，转移概率为 $\lambda_{DD}+\lambda_{SD}$。

（7）1FDU 向 FDU1 状态转移：其中一个设备发生未检测出的危险失效 DUN，另一个设备发生未检测到的危险失效 DU 或安全失效 SU，此时系统危险失效，考虑到非 100% 修复故障的周期性检验测试，转移概率为 $E(\lambda_{DU}+\lambda_{SU})$。

（8）1FSU 向 FS 状态转移：当其中一个设备发生未检测到的非共因安全失效 SUN，另一个设备也发生检测到的危险失效 DD 或发生安全失效时，系统安全失效，转移概率为 $\lambda_S+\lambda_{DD}$。

上文未提及的状态之间转移可同理推导。

1oo2D 结构马尔可夫模型转移矩阵 P 如下：

	OK	1FD	1FDU	1FSU	FS	FDD	FDU1	FDU2
OK	$1-\Sigma$	$2(\lambda_{SDN}+\lambda_{DDN})$	$2(1-C)\lambda_{DUN}$	$2(1-C)\lambda_{SUN}$	$\lambda_{SC}+\lambda_{DDC}+2C(\lambda_{SUN}+\lambda_{DUN})$	0	$E\lambda_{DUC}$	$(1-E)\lambda_{DUC}$
1FD	μ_0	$1-\Sigma$	0	0	$\lambda_S+\lambda_{DD}$	λ_{DU}	0	0
1FDU	0	0	$1-\Sigma$	0	0	$\lambda_{DD}+\lambda_{SD}$	$E(\lambda_{DU}+\lambda_{SU})$	$(1-E)(\lambda_{DU}+\lambda_{SU})$
$P=$ 1FSU	0	0	0	$1-\Sigma$	$\lambda_S+\lambda_{DD}$	0	$E\lambda_{DU}$	$(1-E)\lambda_{DU}$
FS	μ_{SD}	0	0	0	$1-\mu_{SD}$	0	0	0
FDD	μ_0	0	0	0	0	$1-\mu_0$	0	0
FDU1	0	0	0	0	0	0	1	0
FDU2	0	0	0	0	0	0	0	1

案例 9 - 4

采用案例 8 - 11 中的数据，一个变送器和一个切断阀构成 SIF 回路，采用 1oo2D 型结构的安全型逻辑控制器。

系统单元各卡件的失效数据之和为 $\lambda_{SD} = 9367$，$\lambda_{SU} = 129$，$\lambda_{DD} = 3565$，$\lambda_{DU} = 151$，$\beta = 2\%$；计算出 $\lambda_{DUC} = 3.02$，$\lambda_{DUN} = 147.98$，$\lambda_{DDC} = 71.3$，$\lambda_{DDN} = 3493.7$，$\lambda_{SUN} = 126.42$，$\lambda_{SDN} = 9179.66$，$\lambda_{SC} = 189.92$，单位均为 FIT。

当 $TI = 8760$h，$MTTR = 8$h，$SD = 24$h，$E = 90\%$，$LT = 10$ 年，$C = 99.9\%$ 时，用马尔可夫模型计算此 SIF 回路系统单元的 PFD_{avg} 值。

将数据代入上述 1oo2D 结构转移矩阵 P 中，得到：

$$P = \begin{bmatrix} 0.99994849352 & 0.00005069344 & 0.0000000029596 & 0.0000000025284 & 0.000000804532 & 0 & 0.000000002718 & 0.00000000302 \\ 0.125 & 0.874986788 & 0 & 0 & 0.000013061 & 0.000000151 & 0 & 0 \\ 0 & 0 & 0.999986788 & 0 & 0 & 0.000012932 & 0.000000252 & 0.000000028 \\ 0 & 0 & 0 & 0.999986637 & 0.000013212 & 0 & 0.0000001359 & 0.0000000151 \\ 0.0417 & 0 & 0 & 0 & 0.9583 & 0 & 0 & 0 \\ 0.125 & 0 & 0 & 0 & 0 & 0.875 & 0 & 0 \\ 0 & 0 & 0 & 0 & 0 & 0 & 1 & 0 \\ 0 & 0 & 0 & 0 & 0 & 0 & 0 & 1 \end{bmatrix}$$

系统初始状态 $S^0 = [1\ 0\ 0\ 0\ 0\ 0\ 0\ 0]$，1oo2D 结构的转移矩阵为 8×8 矩阵，使用计算机程序进行计算：

```
% 程序初始化设置
clc
clear
format long
% 定义初始值
S0(1,:) = [1 0 0 0 0 0 0 0];
p = [0.99994849352 0.00005069344 0.0000000029596 0.0000000025284
0.000000804532 0 0.000000002718 0.000000000302;0.125 0.874986788 0 0
0.000013061 0.000000151 0 0;0 0 0.999986788 0 0 0.000012932 0.000000252
0.000000028;0 0 0 0.999986637 0.000013212 0 0.0000001359 0.0000000151;
0.0417 0 0 0 0.9583 0 0 0;0.125 0 0 0 0 0.875 0 0;0 0 0 0 0 0 1 0;0 0 0 0 0 0 0 1];
% 计算每小时的 PFD
for i =1:10 % 在 10 年内循环计算
    S(1,:) = S0;% 定义初始值
```

```
    for j=1:8761  % 计算 8760 小时内每个小时的系统状态
        S(j+1,:)=S(j,:)*p;
    end
    PFD(:,i)=S*[0 0 0 0 0 1 1 1]';% 计算 10 年内各个小时的 PFD 值
    S0=[(1-S(j,8)) 0 0 0 0 0 0 S(j,8)];% 下一年的 S0 初始值是上一年周期性
检验测试后残留的风险
    clear S% 清除中间数据
end
% 计算 PFD_avg
PFD_avg=sum(PFD*ones(10,1))/87600% 10 年循环求和再求平均值
```

经过运算得到 $PFD_{avg}=2.52\times10^{-5}$，案例 8 – 11 中使用故障树模型计算的结果为 $PFD_{avg}=2.52\times10^{-5}$，二者相比结果一致。

9.6 2oo2 结构

2oo2 结构马尔可夫模型如图 9.8 所示。

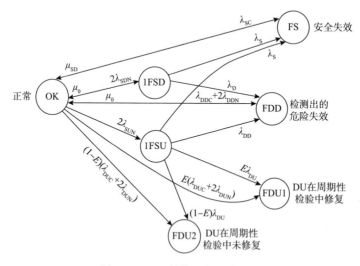

图 9.8 2oo2 结构马尔可夫模型

其中：

(1)OK 向 FS 状态转移：两个设备发生共因安全失效，转移概率为 λ_{SC}。

（2）OK 向 1FSD 状态转移：一个设备发生检测到的非共因安全失效 SDN，转移概率为 $C_2^1 \lambda_{SDN} = 2\lambda_{SDN}$。

OK 向 1FSU 状态转移同上。

（3）OK 向 FSD 状态转移：有至少一个设备发生检测出的危险失效，转移概率为 $2\lambda_{DDN} + \lambda_{DDC}$。

OK 向 FDU1 状态和 FDU2 状态转移同上，其他状态转移可参考"9.4 1oo2 结构"相关内容。

2oo2 结构马尔可夫模型转移矩阵 P 为：

	OK	1FSD	1FSU	FS	FDD	FDU1	FDU2
OK	$1-\sum$	$2\lambda_{SDN}$	$2\lambda_{SUN}$	λ_{SC}	$\lambda_{DDC}+2\lambda_{DDN}$	$E(\lambda_{DUC}+2\lambda_{DUN})$	$(1-E)(\lambda_{DUC}+2\lambda_{DUN})$
1FSD	μ_0	$1-\sum$	0	λ_S	λ_D	0	0
1FSU	0	0	$1-\sum$	λ_S	λ_{DD}	$E\lambda_{DU}$	$(1-E)\lambda_{DU}$
FS	μ_{SD}	0	0	$1-\mu_{SD}$	0	0	0
FDD	μ_0	0	0	0	$1-\mu_0$	0	0
FDU1	0	0	0	0	0	1	0
FDU2	0	0	0	0	0	0	1

$P=$ （应用于上表左侧）

案例 9 - 5

使用案例 8 - 6 中的数据为例，某不带部分行程测试阀门 $\lambda_{DD}=120$，$\lambda_{DU}=601$Fit，$\lambda_{SD}=40$，$\lambda_{SU}=132$Fit，$TI=8760$h，$MTTR=8$h，$SD=24$h，$E=85\%$，$LT=10$ 年，$\beta=5\%$，使用马尔可夫模型计算此同型号阀门构成 2oo2 结构时的 PFD_{avg}。

将数据代入 2oo2 结构的转移矩阵公式中，得到：

$$P = \begin{pmatrix} 0.99999825865 & 0.000000076 & 0.0000002508 & 0.0000000086 & 0.000000234 & 0.0000009961575 & 0.0000001757925 \\ 0.125 & 0.874999107 & 0 & 0.000000172 & 0.000000721 & 0 & 0 \\ 0 & 0 & 0.999999107 & 0.000000172 & 0.00000012 & 0.00000051085 & 0.00000009015 \\ 0.0417 & 0 & 0 & 0.9583 & 0 & 0 & 0 \\ 0.125 & 0 & 0 & 0 & 0.875 & 0 & 0 \\ 0 & 0 & 0 & 0 & 0 & 1 & 0 \\ 0 & 0 & 0 & 0 & 0 & 0 & 1 \end{pmatrix}$$

系统初始状态 $S^0 = [1\ 0\ 0\ 0\ 0\ 0\ 0]$，2oo2 结构的转移矩阵为 7×7 矩阵，使用计算机程序进行计算：

```
% 程序初始化设置
clc
```

```
clear
format long
% 定义初始值
S0(1,:) = [1 0 0 0 0 0 0];
p = [0.99999825865 0.000000076 0.0000002508 0.0000000086 0.000000234
0.0000009961575  0.0000001757925; 0.125  0.874999107  0  0.000000172
0.000000721 0 0;0 0 0.999999107 0.000000172 0.00000012 0.00000051085
0.00000009015;0.0417 0 0 0.9583 0 0 0;0.125 0 0 0 0.875 0 0;0 0 0 0 0 1 0;0 0 0
0 0 0 1];
  % 计算每小时的 PFD
for i = 1:10 % 在 10 年内循环计算
    S(1,:) = S0;% 定义初始值
        for j = 1:8761   % 计算 8760 小时内每个小时的系统状态
            S(j+1,:) = S(j,:) * p;
        end
    PFD(:,i) = S * [0 0 0 0 1 1 1]';% 计算 10 年内各小时的 PFD 值
    S0 = [(1 - S(j,7)) 0 0 0 0 0 S(j,7)];% 下一年的 S0 初始值是上一年周期性
检验测试后残留的风险
    clear S% 清除中间数据
end
% 计算 PFD_avg
PFD_avg = sum( PFD * ones(10,1))/87600% 10 年循环求和再求平均值
```

经过运算得出 $PFD_{avg} = 1.19 \times 10^{-2}$，案例 8-6 中使用故障树模型计算的结果是 $PFD_{avg} = 1.21 \times 10^{-2}$，计算结果相差较小。

9.7 2oo3 结构

2oo3 结构的马尔可夫模型如图 9.9 所示，系统中有 13 个状态且结构错综复杂。为了表达方便，将各个状态用数字进行编号。

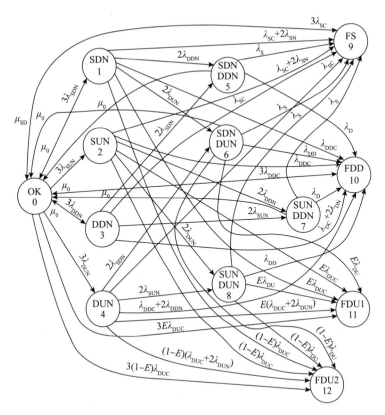

图 9.9　2oo3 结构马尔可夫模型

每个状态含义见表9.1。

表 9.1　2oo3 结构各状态定义

状态代号	状态缩写	状态名称
0	OK	正常运行
1	SDN	其中一个设备发生检测到的非共因安全失效
2	SUN	其中一个设备发生未检测到的非共因安全失效
3	DDN	其中一个设备发生检测到的非共因危险失效
4	DUN	其中一个设备发生未检测到的非共因危险失效
5	SDN/DDN	其中一个设备发生检测到的非共因安全失效，另一个设备发生检测到的非共因危险失效
6	SDN/DUN	其中一个设备发生检测到的非共因安全失效，另一个设备发生未检测到的非共因危险失效

状态代号	状态缩写	状态名称
7	SUN/DDN	其中一个设备发生未检测到的非共因安全失效，另一个设备发生检测到的非共因危险失效
8	SUN/DUN	其中一个设备发生未检测到的非共因安全失效，另一个设备发生未检测到的非共因危险失效
9	FS	系统发生安全失效
10	FDD	系统发生检测到的危险失效
11	FDU1	系统发生未检测到的危险失效且在周期性检测测试中能够修复
12	FDU2	系统发生未检测到的危险失效但在周期性检测测试中不能修复

在状态 1 和状态 2 时，因其中一个设备发生安全失效，故系统降级为 1oo2 结构(剩余两个设备若有一个发生安全失效，则系统安全失效；两个设备均发生危险失效时，系统危险失效)；在状态 3 和状态 4 时，因其中一个设备发生危险失效，系统降级为 2oo2 结构(剩余两个设备若有一个发生危险失效，则系统危险失效；两个设备均发生安全失效时，系统安全失效)。

部分状态之间的转移如下：

(1)状态 0 向状态 9 转移：3 个设备发生共因安全失效，可能是 AB、AC、BC 三种组合中的一个发生共因失效，故转移概率为 $3\lambda_{SC}$；状态 0 向状态 10、11、12 转移概率同理推导。

(2)状态 0 向状态 1 转移：其中一个设备发生检测到的非共因安全失效，转移概率为 $C_3^1 \lambda_{SDN} = 3\lambda_{SDN}$；状态 0 向状态 2、3、4 转移概率同理推导。

(3)状态 1 向状态 9 转移：此时系统降级为 1oo2 结构，剩下的两个设备至少有一个发生安全失效时，系统安全失效，转移概率为 $\lambda_{SC} + 2\lambda_{SN}$，概率包括共因安全失效和非共因安全失效两个部分。

(4)状态 1 向状态 5 转移：剩下的两个设备有一个发生检测到的非共因失效，转移概率为 $2\lambda_{DDN}$；状态 1 向状态 6 转移概率同理推导。

(5)状态 1 向状态 10 转移：剩下的两个设备发生检测到的共因危险失效，转移概率为 λ_{DDC}；状态 1 向状态 11、12 转移概率同理推导。

(6)状态 3 向状态 9 转移：此时系统降级为 2oo2 结构，剩下的两个设备均发生安全失效时，系统安全失效，转移概率为 λ_{SC}。

(7)状态 3 向状态 10 转移：剩下的两个设备至少有一个发生检测到的危险失

效，转移概率为 $\lambda_{DC}+2\lambda_{DN}$。状态 4 向状态 10、11 转移概率同理推导。

（8）状态 5 向状态 9 转移：此时 2oo3 结构中已经有一个设备发生安全失效，若正常运行设备也发生安全失效，则系统安全失效，转移概率为 λ_S；状态 6、7、8 向状态 9 转移概率同为 λ_S。

（9）状态 5 向状态 10 转移：此时 2oo3 结构中已经有一个设备发生危险失效，若正常运行设备也发生危险失效，则系统危险失效，转移概率为 λ_D；状态 7 向状态 10 转移概率同为 λ_D。

（10）状态 6、8 向状态 10 转移：因状态 10 为 FDD（检测出的危险失效），而状态 6 和状态 8 中发生失效的两个设备均未发生检测出的危险失效，故正常运行设备在发生检测出的危险失效时才会发生转移，转移概率为 λ_{DD}。

以上内容为部分有代表性的状态转移详解，未提及的状态之间转移可根据上述内容进行推导，这里不再赘述。

2oo3 结构的马尔可夫模型看起来较为复杂，但是若将其分解后会发现它和 1oo2 结构、2oo2 结构的马尔可夫模型有很多相似之处。

2oo3 结构的马尔可夫模型转移矩阵 P 为：

案例 9-6

取案例 8-7 中的数据，某压力变送器 $\lambda_{SU}=0$，$\lambda_{SD}=84\text{Fit}$，$\lambda_{DD}=258\text{Fit}$，$\lambda_{DU}=32\text{Fit}$，$TI=8760\text{h}$，$MTTR=8\text{h}$，$SD=24\text{h}$，$E=85\%$，$LT=12$ 年，$\beta=5\%$，使用马尔可夫模型计算此同型号设备构成 2oo3 结构时的 PFD_{avg}。

得到转移矩阵 P 为：

$$P=\begin{pmatrix}
0.999998878 & 2.394E-7 & 0 & 7.353E-7 & 9.12E-8 & 0 & 0 & 0 & 1.26E-8 & 3.87E-8 & 4.08E-9 & 7.2E-10\\
0.125 & 0.8749992707 & 0 & 0 & 0 & 4.902E-7 & 6.08E-8 & 0 & 1.638E-8 & 1.29E-7 & 1.36E-9 & 2.4E-10\\
0 & 0 & 0.9999992707 & 0 & 0 & 0 & 4.902E-7 & 6.08E-8 & 1.638E-8 & 1.29E-7 & 1.36E-9 & 2.4E-10\\
0.125 & 0 & 0 & 0.8749992707 & 0 & 1.596E-7 & 0 & 0 & 4.2E-9 & 5.655E-7 & 0 & 0\\
0 & 0 & 0 & 0 & 0.9999992707 & 1.596E-7 & 0 & 0 & 4.2E-9 & 5.031E-7 & 5.304E-8 & 9.36E-9\\
0.125 & 0 & 0 & 0 & 0 & 0.874999626 & 0 & 0 & 8.4E-8 & 2.9E-7 & 0 & 0\\
0.125 & 0 & 0 & 0 & 0 & 0 & 0.874999626 & 0 & 8.4E-8 & 2.58E-7 & 2.72E-7 & 4.8E-9\\
0.125 & 0 & 0 & 0 & 0 & 0 & 0 & 0.874999626 & 8.4E-8 & 2.9E-7 & 0 & 0\\
0 & 0 & 0 & 0 & 0 & 0 & 0 & 0 & 0.999999626 & 8.4E-8 & 2.58E-7 & 2.72E-7 & 4.8E-9\\
0.0417 & 0 & 0 & 0 & 0 & 0 & 0 & 0 & 0 & 0.9583 & 0 & 0\\
0.125 & 0 & 0 & 0 & 0 & 0 & 0 & 0 & 0 & 0 & 0.875 & 0\\
0 & 0 & 0 & 0 & 0 & 0 & 0 & 0 & 0 & 0 & 0 & 1
\end{pmatrix}$$

$$P =$$

	OK	SDN	SUN	DDN	DUN	SDN/DDN	SDN/DUN	SUN/DDN	SUN/DUN	FS	FDD	FDU1	FDU2
OK	$1-\Sigma$	$3\lambda_{SDN}$	$3\lambda_{SUN}$	$3\lambda_{DDN}$	$3\lambda_{DUN}$	0	0	0	0	$3\lambda_{SC}$	$3\lambda_{DDC}$	$3E\lambda_{DUC}$	$3(1-E)\lambda_{DUC}$
SDN	μ_0	$1-\Sigma$	0	0	0	$2\lambda_{DDN}$	$2\lambda_{DUN}$	0	0	$\lambda_{SC}+2\lambda_{SN}$	λ_{DDC}	$E\lambda_{DUC}$	$(1-E)\lambda_{DUC}$
SUN	0	0	$1-\Sigma$	0	0	0	0	$2\lambda_{DDN}$	$2\lambda_{DUN}$	$\lambda_{SC}+2\lambda_{SN}$	λ_{DDC}	$E\lambda_{DUC}$	$(1-E)\lambda_{DUC}$
DDN	μ_0	0	0	$1-\Sigma$	0	$2\lambda_{SDN}$	0	$2\lambda_{SUN}$	0	λ_{SC}	$\lambda_{DC}+2\lambda_{DN}$	0	0
DUN	0	0	0	0	$1-\Sigma$	0	$2\lambda_{SDN}$	0	$2\lambda_{SUN}$	λ_{SC}	$\lambda_{DDC}+2\lambda_{DDN}$	$E(\lambda_{DUC}+2\lambda_{DUN})$	$(1-E)(\lambda_{DUC}+2\lambda_{DUN})$
SDN/DDN	μ_0	0	0	0	0	$1-\Sigma$	0	0	0	λ_S	λ_D	0	0
SDN/DUN	μ_0	0	0	0	0	0	$1-\Sigma$	0	0	λ_S	λ_{DD}	$E\lambda_{DU}$	$(1-E)\lambda_{DU}$
SUN/DDN	μ_0	0	0	0	0	0	0	$1-\Sigma$	0	λ_S	λ_D	0	0
SUN/DUN	0	0	0	0	0	0	0	0	$1-\Sigma$	λ_S	λ_{DD}	$E\lambda_{DU}$	$(1-E)\lambda_{DU}$
FS	μ_{SD}	0	0	0	0	0	0	0	0	$1-\mu_{SD}$	0	0	0
FDD	μ_0	0	0	0	0	0	0	0	0	0	$1-\mu_0$	0	0
FDU1	0	0	0	0	0	0	0	0	0	0	0	1	0
FDU2	0	0	0	0	0	0	0	0	0	0	0	0	1

系统初始状态 $S^0 = [1\ 0\ 0\ 0\ 0\ 0\ 0\ 0\ 0\ 0\ 0\ 0\ 0]$，2oo3 结构的转移矩阵为 13×13 矩阵，使用计算机程序进行计算：

```
% 程序初始化设置
clc
clear
format long
% 定义初始值
S0(1,:) = [1 0 0 0 0 0 0 0 0 0 0 0 0];
p = [0.999998878 0.0000002394 0 0.0000007353 0.0000000912 0 0 0
0.0000000126    0.0000000387 0.00000000408    0.00000000072;    0.125
0.8749992707 0 0 0 0.0000004902 0.0000000608 0 0 0.0000001638
0.0000000129 0.00000000136 0.00000000024;0 0 0.9999992707 0 0 0 0
0.0000004902 0.0000000608 0.0000001638 0.0000000129 0.00000000136
0.00000000024;0.125 0 0 0.8749992707 0 0.0000001596 0 0 0 0.0000000042
0.0000005655 0 0;0 0 0 0 0.9999992707 0 0.0000001596 0 0.0000000042
0.0000005031 0.00000005304 0.00000000936;0.125 0 0 0 0 0.874999626 0 0 0
0.000000084 0.00000029 0;0.125 0 0 0 0 0 0.874999626 0 0.000000084
0.000000258 0.000000272 0.0000000048;0.125 0 0 0 0 0 0 0.874999626 0
0.000000084 0.00000029 0 0;0 0 0 0 0 0 0 0 0.999999626 0.000000084
0.000000258 0.0000000272 0.0000000048;0.0417 0 0 0 0 0 0 0 0.9583 0 0 0;
0.125 0 0 0 0 0 0 0 0 0.875 0 0;0 0 0 0 0 0 0 0 0 0 0 1 0;0 0 0 0 0 0 0 0 0 0 0 0 1];
    % 计算每小时的 PFD
for i = 1:12 % 在 12 年内循环计算
    S(1,:) = S0;% 定义初始值
for j = 1:8760    % 计算 8760 小时内每个小时的系统状态
        S(j+1,:) = S(j,:)*p;
    end
    PFD(:,i) = S*[0 0 0 0 0 0 0 0 0 0 1 1 1]';;% 计算 12 年内各小时的 PFD 值
S0 = [(1-S(j,13)) 0 0 0 0 0 0 0 0 0 0 0 S(j,13)];% 下一年的 S0 初始值是上一
年周期性检验测试后残留的风险
    clear S% 清除中间数据
end
```

```
% 计算 PFD_avg
PFD_avg = sum(PFD * ones(12,1))/105120% 12 年循环求和再求平均值
```

经过运算得出 $PFD_{avg} = 5.63 \times 10^{-5}$，案例 8-7 中使用故障树模型计算结果为 $PFD_{avg} = 5.61 \times 10^{-5}$，二者比较相差很小。

9.8 小 结

无论是故障树还是马尔可夫方法，都是通过建立数学模型来解决工程应用问题的，因此在建立数学模型的过程中可以深刻理解 PFD 的计算。但本书最终研究的是 SIL 验证，而不是数学计算的过程，积分、矩阵等高等数学复杂计算不是关注的核心。

本章内案例数据均采用第 8 章故障树模型中的案例数据，通过两种不同的模型计算同一个 MooN 结构子单元的 PFD_{avg}，发现结果相差很小。实际上，$PFD_{avg} = 5.23 \times 10^{-3}$还是 $PFD_{avg} = 4.11 \times 10^{-3}$，对于企业的安全管理意义并不是很大，而且失效率计算的过程也不能算是完全的定量，还是有些主观的人为因素在里面，例如可以通过调整一些参数来实现想要的结果。过分地追求模型的精准性对于 SIL 验证来说也会失去做这项工作的意义，故 ISA 84.00.02 中使用简化公式对 PFD_{avg}进行计算。

MooN 结构$(M \geq 3, N \geq 4)$的马尔可夫模型建模的过程过于复杂，故障树相比于马尔可夫模型来说要简单得多，而且可以方便计算多重冗余表决结构，故笔者推荐使用故障树的公式来计算 MooN 冗余结构的 PFD_{avg}值。

参考文献

[1]阳宪惠，郭海涛. 安全仪表系统的功能安全[M]. 北京：清华大学出版社，2007.

[2]沈立明，李云龙. 基于马尔科夫矩阵的安全完整性等级验算推导及探讨[J]. 石油化工自动化，2018，54(6)：42-54.

[3]Iwan van Beurden, William M. Goble. Safety Instrumented System Design – Techniques and Design Verification[M]. USA：ISA Standards and Practices Board，2018.

第 10 章 SIL 验证

SIL 验证是在设备采购前，确认 SIF 回路的实际配置是否满足 SIL 定级的要求，并根据验证的结果调整设计、采购或工厂安全管理制度。

10.1 约束条件

SIF 回路的 SIL 等级取决于结构约束、设备系统性能力 SC 和要求时危险失效平均概率 PFD_{avg} 三个因素。

1. 结构约束

SIF 回路的 SIL 等级首先必须满足回路结构约束，若回路结构约束不满足，即使 PFD 值很低，SIF 回路也不能满足安全完整性等级的要求。结构约束是为了防止有些项目出现仅凭通过调整参数降低 PFD 值来满足 SIL 要求的情况。

结构约束在第 4.1 节中已作描述，即 SIL3 的 SIF 回路的传感器单元、逻辑控制器单元和执行元件单元，要满足硬件故障裕度 $HFT = 1$（2oo3 或 1oo2 等冗余配置）及以上。

SIL3 回路典型的结构约束见图 10.1，变送器和切断阀均需冗余配置。该配置是否能够满足 SIL3 要求，还取决于系统性能力 SC 和 PFD_{avg} 值。

图 10.1 SIL3 典型的结构约束

SIL2 的回路虽然没有 HFT 的约束要求，但考虑仪表会出现零漂、显示偏低、显示偏高等问题，可将传感器单元进行 1oo2 或者 2oo3 配置，见图 10.2。切断阀因投资、配管等限制，当满足 *PFD* 要求时可不冗余配置。

图 10.2 SIL2 典型 SIF 回路

SIL1 的典型回路见图 10.3。实际工程中经常出现一个变送器联锁动作多个切断阀(切断阀之间非冗余表决)的情况，这时需通过 *PFD* 的计算判断是否满足 SIL1 的要求。

图 10.3 SIL1 典型 SIF 回路

因 SIL3 回路在石化行业较少使用，故结构约束在绝大部分项目中无须考虑，当使用 SIL3 回路时应重视结构约束。

2. 系统性能力 SC

系统性能力 SC 在 SIL 验证过程中是容易被忽略的问题，大部分经过安全功能认证的设备，其系统性能力可以满足 SC2 及以上，可以应用在 SIL2 的 SIF 回路中，而 SIL3 的回路中可选用两个 SC2 的异型设备或两个 SC3 的同型设备进行 1oo2 冗余。但在使用没有经过安全功能认证的设备时，系统性能力 SC 的评估成了难点。

表 10.1 为部分取得安全功能认证的设备在低要求模式下的失效数据。根据失效概率计算硬件部分的 MTTF，其值大部分在 100 年以上。而基于经验使用的设备，其 MTTF 值往往要小一些(第 4 章表 4.14 中设备的 MTTF 在 100 年以下的占多数)，因为包括了硬件失效和系统失效。

表10.1 部分取得安全功能认证的设备（低要求模式）

序号	类型	设备名称型号	λ_{SD}	λ_{SU}	λ_{DD}	λ_{DU}	$MTTF_D$	MTTFs
1	热电阻	天康 WR 系列	0	0	950	50	114	—
2	压力变送器	罗斯蒙特 3051	0	84	258	32	394	1358
3	质量流量计	高准 5700	0	1072	1940	107	56	106
4	电磁阀	ASCO 551	0	178	0	347	329	641
5	气动球阀	川仪 HCP + HA	0	194	0	142	804	588

在采购没有经过安全功能认证的设备时，应结合装置实际使用情况，采购质量可靠、性能稳定、成熟应用的产品；验证时，可采用工业数据库中的 MTTF 值参与 PFD 计算。根据使用经验，默认所采用的 MTTF 值已考虑了系统性失效因素，故不再考虑系统性能力 SC 的约束。

3. SIF 回路的 PFD_{SYS}

安全仪表功能回路在要求时的平均失效概率，是通过计算所有子单元在要求时的平均失效概率之和确定的。图10.4为安全仪表回路的子单元结构。

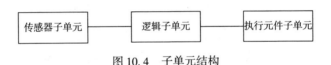

图10.4 子单元结构

则 SIF 回路的要求时的平均失效概率为：

$$PFD_{SYS} = PFD_S + PFD_L + PFD_{FE} \tag{10.1}$$

式中　PFD_{SYS}——SIF 回路在要求时的平均失效概率；

PFD_S——传感器子单元在要求时的平均失效概率；

PFD_L——逻辑子单元在要求时的平均失效概率；

PFD_{FE}——执行单元子单元在要求时的平均失效概率。

一个子单元有多个设备时，可将它们的失效数据求和后按相应结构进行 PFD 计算，如表10.2中的案例。压力变送器构成 1oo2 表决结构的传感器子单元中，将压力变送器和安全栅的 λ_{DD} 和 λ_{DU} 求和后再进行 1oo2 结构的 PFD 计算。

表10.2 传感器子单元失效数据（示例）

序号	设备名称	型号	λ_{SD}	λ_{SU}	λ_{DD}	λ_{DU}
1	压力变送器	3051	0	84	258	32

续表

序号	设备名称	型号	λ_{SD}	λ_{SU}	λ_{DD}	λ_{DU}
2	安全栅	5041	42	0	93	34
传感器单元失效数据小计			42	84	351	66

在计算 SIF 回路的失效概率时，企业应首选自己的设备失效数据（来自实际应用中的一手资料）；采购时，企业也要结合自身的应用经验，购买质量可靠的仪表，但依靠企业整理数据目前来看难度依然很大。其次，企业可以选用第三方机构的安全功能认证报告。该认证报告的优点是数据齐全，但并不一定能够真实地反映设备质量。有些应用上感觉质量一般、价格低廉的设备，其安全功能认证报告的失效数据比普遍认为质量稳定、价格昂贵的设备还要低。在没有自己的数据，也没有第三方安全功能认证报告的时，企业可以选用工业数据库中的 $MTTF$ 值，做到有据可依，这么做的缺点是这些数据可能和现场实际的设备差异较大。最后，企业可以选用设备厂家提供的 $MTTF$ 值。

国内项目普遍采取 SIL3 认证的安全型逻辑控制器（也有部分项目采用 SIL2 的），其 PFD 值很小（PFD_L 数量级为 $10^{-5} \sim 10^{-7}$），数量级和传感器单元、执行元件单元相差很大，基本可以忽略不计，占比最大的是执行元件单元。切断阀的不正确选型和配置在造成 SIF 回路 SIL 等级不通过的比例中占据大部分，故 PFD_{SYS} 的计算重点在执行元件单元。

对于涉及人员干预的联锁回路（如急停按钮等）是否需要 SIL 验证，行业内存在不同的看法，有些研究机构试图建立模型对人的失效概率进行评估。从保护层分析 LOPA 的角度来看，人的响应属于关键报警与人员干预，故人的因素不被考虑在 SIL 验证中。

10.2　验证流程

SIL 验证可在确定采购意向后实施，此时企业可让意向设备厂商提供相关失效数据，验证通过后即可进行采购；若在采购或者安装调试以后再进行验证，可能会造成返工或者存在"为了通过而通过"的人为调整验证结果的现象。

SIL 验证所需的文件包括 SIL 定级报告、SRS 报告、SIS 设计文件、采购清单、安全功能认证证书等，具体的流程见图 10.5。

各步骤的内容包括：

（1）需要验证的 SIF 回路见 SIL 定级报告，回路要求 SIL1 及以上的需要 SIL 验证，SIL0 和 SILA 的无须验证。

（2）若 SIL 定级报告或 SRS 报告中未识别安全关键动作，还需进行安全关键动作识别，并绘制只包括安全关键动作的 SIF 回路联锁逻辑图，并标明各子单元的表决逻辑关系，方便 *PFD* 的计算。

（3）设备的失效数据若采用企业的经验值或工业数据库的 *MTTF* 值时，需得到企业许可后方可使用。取得安全功能认证的设备失效数据可向设备厂商索取。

（4）在 *PFD* 计算前，验证人员还需根据 SRS 报告中的要求确定平均修复时间 *MTTR*、有效使用寿命 *LT*、周期性检验时间间隔 *TI*、诊断覆盖率 *E* 等参数。

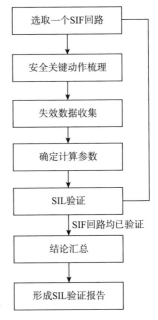

图 10.5　SIL 验证流程

若 SRS 中没有体现这些参数或者无 SRS 报告，验证人员则需和企业进行沟通以确认上述参数。除了上述参数，每个 SIF 回路还要根据回路的配置情况来确定共因失效因子 β。

（5）从结构约束、系统性能力 SC 和 *PFD* 三个角度对 SIF 回路进行验证，确定其是否满足 SIL 定级的要求。当 *PFD* 值和目标有差距时，则需调整回路配置方案或者更换设备。

SIL 验证可以编制 Excel 函数，也可以采用专业的验证软件。图 10.6 为歌略 RiskCloud 软件验证模块软件画面。

软件采用马尔可夫的算法对 *PFD* 进行计算，内置常用设备的失效数据，在 SIL 验证过程中可根据项目的设备配置不断地补充失效数据库，可进行同型设备、异型设备、多重表决等 SIF 回路 *PFD* 计算，并可根据计算结果给出修改建议，在所有回路验证完后可自动生成图表、报告。

软件的优势是内置失效数据，能够提高工作效率，减少计算过程中的人为错误；每个项目形成独立的数据库文件，方便后续追溯。但软件终究是应用工具，不是 SIL 验证的必要条件，重要的是掌握 SIL 验证的方法。

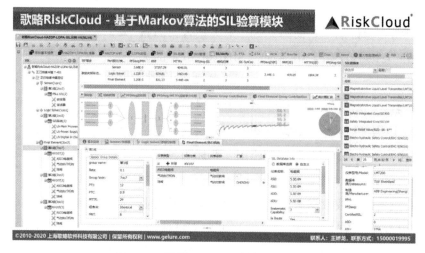

图 10.6　歌略 RiskCloud 软件验证模块

（6）在所有回路验证完后，验证人员可将结果汇总成表（见表 10.3 的案例），对验证不通过的 SIF 回路给出相应的整改建议措施。

表 10.3　SIL 验证结果汇总（示例）

序号	SIF 名称	SIL 要求	HFT 约束	SC 要求	PFD_{SYS}	结论
1	V－101 液位高联锁	SIL1	满足	满足	3.8×10^{-2}	通过
2	E－102 压力高联锁	SIL1	满足	满足	2.52×10^{-2}	通过
3	V103 液位低联锁	SIL1	满足	满足	2.76×10^{-2}	通过
4	R－101 温度高联锁	SIL2	满足	满足	8.69×10^{-2}	不通过

（7）SIL 验证报告可包括如下内容：

第一章　概述

1.1 术语、定义、缩略语

1.2 项目背景

1.3 验证范围

1.4 验证依据

包括标准规范、业主提供的资料等；列出所有图纸或文件的编号、图名称、版本号。

1.5 验证计划

第二章　验证方法简介

包括结构约束、系统性能力 SC、PFD 计算方法，以及各计算参数的选择。

10.3 案 例

以某项目中氢化反应器 R5101 为例，当 R5101 温度（TT – 51112 – 1 ~ 6、TT – 51113 – 1 ~ 6、TT – 51114 – 1 ~ 6、TT – 51115 – 1 ~ 6）过高时，联锁：

（1）关断 E – 5102 酚进料切断阀 XPV – 5109；

（2）关闭 K5101A/B 新鲜氢进料切断阀 XPV – 5111；

（3）关闭进 E – 5101 中压蒸汽切断阀 XPV – 5103；

（4）关闭进 E – 5102 中压蒸汽切断阀 XPV – 5107；

（5）关闭 K5101A/B 新鲜氢进料控制阀 FPV – 5109；

（6）关闭 P – 5103 出口流量控制阀 FPV – 5101；

（7）关闭进 E – 5101 中压蒸汽控制阀 TPV – 5103；

（8）关闭 E – 5102 酚进料控制阀 LPV – 5107；

（9）关闭进 E – 5102 中压蒸汽控制阀 TPV – 5106；

（10）关闭 E – 5102 出料管线切断阀 XPV – 5104。

经过 LOPA 分析，工艺专业辨识出执行单元的安全关键动作，即关闭 XPV – 5109、XPV – 5111（2oo2），关闭 XPV – 5103、XPV – 5107（2oo2），整体 2oo2 再次表决，SIF 回路的安全完整性等级要求为 SIL1。

安全关键动作辨识以后，复杂联锁逻辑的表决结构就清晰了，见图 10.7。根据图 10.7，我们就可以对此 SIF 回路各个子单元进行验证。

10.3.1 传感器子单元

表决结构：　　　　　　　　　　一重表决 2oo6，二重表决 1oo4

硬件故障裕度 HFT：　　　　　　一重表决 $HFT = 4$，二重表决 $HFT = 3$

表决类型：　　　　　　　　　　同型表决

平均维修时间 $MTTR$：　　　　　8h

有效使用寿命 LT：   10 年

周期性检验时间间隔 TI：   1 年

诊断覆盖率 E：   85%

共因失效因子 β：   5%

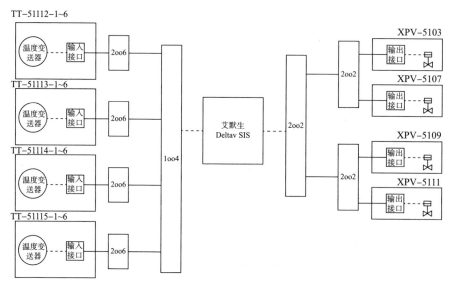

图 10.7   R5101 联锁表决结构

传感器子单元 SIL 验证的相关信息如表 10.4 所示。

表 10.4   传感器子单元 SIL 验证的相关信息   失效概率单位：Fit

位号	设备名称	品牌	型号	设备类型	数据来源	SC	$MTTF_D$	λ_{DD}	λ_{DU}
TT – 5112 – 1~6	多点热电偶	天津中环	ZHTC	A	认证报告	2	—	18.51	4.11
	温度变送器	E + H	TMT82 – NLT7/101	B	认证报告	3	—	258	40
	安全栅	倍加福	KCD – STC – Ex1	A	认证报告	3	—	0	1.83
TT – 5113 – 1~6	多点热电偶	天津中环	ZHTC	A	认证报告	2	—	18.51	4.11
	温度变送器	E + H	TMT82 – NLT7/101	B	认证报告	3	—	258	40
	安全栅	倍加福	KCD – STC – Ex1	A	认证报告	3	—	0	1.83

续表

位号	设备名称	品牌	型号	设备类型	数据来源	SC	$MTTF_D$	λ_{DD}	λ_{DU}
TT – 5114 – 1～6	多点热电偶	天津中环	ZHTC	A	认证报告	2	—	18.51	4.11
	温度变送器	E + H	TMT82 – NLT7/101	B	认证报告	3	—	258	40
	安全栅	倍加福	KCD – STC – Ex1	A	认证报告	3	—	0	1.83
TT – 5115 – 1～6	多点热电偶	天津中环	ZHTC	A	认证报告	2	—	18.51	4.11
	温度变送器	E + H	TMT82 – NLT7/101	B	认证报告	3	—	258	40
	安全栅	倍加福	KCD – STC – Ex1	A	认证报告	3	—	0	1.83
传感器子单元在要求时的平均失效概率 PFD_S								1.79×10^{-5}	

10.3.2 逻辑子单元

设备品牌:	艾默生 deltav sis
设备类型:	B 类
系统性能力 SC:	SC 3
表决结构:	1oo2D
硬件故障裕度 HFT:	1
表决类型:	同型表决
平均维修时间 $MTTR$:	8h
有效使用寿命 LT:	15 年
周期性检验时间间隔 TI:	1 年
诊断覆盖率 E:	90%
共因失效因子 β:	2%
失效数据来源:	认证报告

逻辑子单元 SIL 验证的相关信息如表 10.5 所示。

表 10.5　逻辑子单元 SIL 验证的相关信息　　　　失效概率单位：Fit

设备名称	数量	λ_{DD}	λ_{DU}
Smart logic solver 卡	5	932	3
Smart logic solver 卡 AI 通道	24	20	0.006
Smart logic solver 卡 DO 通道	4	10	0
逻辑子单元在要求时的平均失效概率 PFD_L		3.21×10^{-6}	

10.3.3　执行元件子单元

表决结构：	一重表决 2oo2，二重表决 2oo2
硬件故障裕度 HFT：	0
表决类型：	同型表决
平均维修时间 $MTTR$：	8h
有效使用寿命 LT：	10 年
周期性检验时间间隔 TI：	1 年
诊断覆盖率 E：	90%
共因失效因子 β：	5%

执行子单元 SIL 验证的相关信息如表 10.6 所示。

表 10.6　执行子单元 SIL 验证的相关信息　　　　失效概率单位：Fit

位号	设备名称	品牌	型号	设备类型	SC	数据来源	$MTTF_D$	λ_{DD}	λ_{DU}
XPV – 5103	阀体	四川飞球	A3″ J641Y – 300LB	A	—	工业数据库	50	0	2280
	执行机构	四川飞球	ZFC150S						
	电磁阀	ASCO	8551A421	A	3	认证报告	—	0	347
	继电器	魏德米勒	RCL114024	A	—	工业数据库	1000	0	114

续表

位号	设备名称	品牌	型号	设备类型	SC	数据来源	$MTTF_D$	λ_{DD}	λ_{DU}
XPV-5107	阀体	四川飞球	A6″ J641Y-300LB	A	—	工业数据库	50	0	2280
	执行机构	四川飞球	ZFC300S						
	电磁阀	ASCO	8551A421	A	3	认证报告	—	0	347
	继电器	魏德米勒	RCL114024	A	—	工业数据库	1000	0	114
XPV-5109	阀体	四川飞球	A3″ J641Y-150LB	A	—	工业数据库	50	0	2280
	执行机构	四川飞球	ZFC125S						
	电磁阀	ASCO	8551A421	A	3	认证报告	—	0	347
	继电器	魏德米勒	RCL114024	A	—	工业数据库	1000	0	114
XPV-5111	阀体	四川飞球	A8″ WJ641Y-300LB	A	—	工业数据库	50	0	2280
	执行机构	四川飞球	ZFC350S						
	电磁阀	ASCO	8551A421	A	3	认证报告	—	0	347
	继电器	魏德米勒	RCL114024	A	—	工业数据库	1000	0	114
执行单元子单元在要求时的平均失效概率 PFD_{FE}									8.68×10^{-2}

10.3.4 结论

硬件结构性约束：　　　　满足☑　　　　不满足☐

系统性能力 SC：　　　　满足☑　　　　不满足☐

要求时的平均失效概率 PFD_{SYS}：　　8.69×10^{-2}

验证结果：　　　　　　通过☑　　　　未通过☐

建议措施：_____/_____

10.4 SIL 验证常见问题

报告编制单位在 SIL 验证的过程中，会存在一些"拦路虎"，导致报告编制进度缓慢。本章节结合实际工作经验，对常见的疑问进行汇总和解答，并探讨 SIL 验证这一项工作本身的意义和有待完善的地方。

10.4.1 SIL 验证条件的问题

刚开始接触 SIL 验证的工程师，关注点会在 PFD_{avg} 计算，更多研究数学公式或者计算机辅助软件。但在很多在役装置中，SIF 回路的确定反而是最大的工作量，也是需要反复和建设单位确定的环节，造成了项目进度的"卡壳"。

造成这个现象的有如下几种原因：

1. SIL 验证时机不当

按照正常项目流程，SIL 验证报告应该在采购设备之前，对有采购意向的设备组成的 SIF 回路进行验证，这样避免既成事实以后，为了满足要求而去调整计算公式中的参数去凑数据。

但是 SIL 验证是新要求，对于很多老项目来说上述流程并不适用，只能根据现场情况补做 SIL 验证报告，就会出现资料不全的情况。

2. SIL 定级报告中的结论与 SIS 联锁逻辑图不一致

SIL 定级是 SIS 设计的输入条件，SIL 验证是对 SIL 定级的闭环，按照正常的项目流程，SIS 的逻辑组态应该和 SIL 定级报告里面的 SIF 回路联锁要求是一致的。

但有的项目 SIL 定级是在初步设计阶段做的，在施工图阶段 SIS 的联锁逻辑做了调整，SIL 定级报告并没有及时更新；或者 SIL 定级里只给了关键安全动作，但是考虑装置的上下游联动性，SIS 设计的时候增加了一些辅助安全动作；又或者做了 SIL 定级报告以后，因某些原因 SIS 设计时并没有完全按照定级报告的要求来，有可能有增补或者删减。

3. SIS 组态与 SIS 联锁逻辑图不一致

有的项目在 SIS 组态时建设单位工艺对联锁逻辑进行了调整，但并没有通知设计出具变更，或者设计出具了变更单但并未更新 SIS 联锁逻辑图。

4. 订货资料与现场不一致

企业疏于合同管理，或者人员流动较大，导致提供的订货清单与现场安装的设备不一致。

5. SIS 投用后发生了变更

在 SIS 的运行周期内，生产工艺进行了调整或者对工艺包进行了完善，增补或者摘除了部分联锁，但未修订 SIS 联锁逻辑图及 SIL 定级报告。

6. 未配备专职的自控人员

SIS 平时动作较少，企业管理和维护人员对其知之甚少。这个在精细化工企业比较常见，有的是安全兼管仪表，有的是电仪一把抓，有的甚至自动化处于无人维护状态；或者是工厂运行以后配置了仪表工程师，但是并没有完整的项目建设资料，后来者对项目建设情况知之不详。

上述总总因项目流程不当和管理混乱的原因，最终导致项目上提供的 SIL 定级报告、SIS 联锁逻辑图和现场实际组态的 SIS 联锁画面不一致。

这并不是一个个例，而是很多项目上存在的普遍问题，侧面反映了项目的文件管理存在纰漏，还处于"头痛医头，脚痛医脚"的状态。今天项目上会审查提出要缺 A 文件，那么就补做 A 文件；明天安全检查又提出来缺 B 文件，则又补做 B 文件。且忽略了文件之间的关联性，最后导致文件的一致性、完整性出现纰漏。同时并没有完全的执行 SIS 全生命周期管理制度，对变更的内容未重新进行评估和设计，活干了但却未形成有效的记录。

江苏省 2018 年本质安全诊断行动中，提出竣工图与现场的一致性问题，这对安全管理和企业的文档管理具有很强的促进作用。工艺管道仪表流程图 P&ID、设备平面布置图、可燃/有毒气体探测器平面布置图、爆炸危险区域划分图、SIS 联锁逻辑图、DCS 联锁逻辑图等，上述的图纸会因企业不断的改造，造成和原有设计图纸有较大的出入，补充竣工图对完善企业重要的安全管理和生产资料是有很大的意义。

10.4.2 SIL 验证范围的确定

在役装置 SIL 验证的范围确定时，会出现如下几种情况：

1. 资料不匹配

当出现资料不匹配时，以 SIS 组态画面和现场实际安装的设备为准。

这是以结果为导向的思路，当其他资料和最终的 SIS 组态画面不一样时，建设单位可以 SIS 组态画面为准去要求修改 SIL 定级报告、SIS 设计（或者走变更程序），当然这个前提是 SIS 组态画面里面的逻辑是满足监管文件、标准规范的要求的。

对于 SIL 定级报告中未提及的 SIF 回路，若不是分析遗漏的原因（这部分可能是辅助安全动作，也可能是 SIS 联锁时发出信号给 DCS 执行的动作），则都按 SILa 考虑，这部分不予验证。若是因为现场变更导致和 SIL 定级的出入，那么还需对这部分进行重新定级后方可进行验证。

2. 关键安全动作与辅助安全动作

若 SIL 定级报告中 SIF 回路的联锁动作过多，因由工艺专业进行关键安全动作与辅助安全动作的划分。最简单的方法是，假设所有执行动作都是人工手动操作，现在工艺参数控制偏离，必须在短时间内处理，最先和最紧急要处理的那个或那几个动作就是关键安全动作，它们能够阻止事故的发生。

区分关键安全动作和辅助安全动作，不仅仅是为了减少执行元件子单元的构成，方便 SIL 验证的通过，同时也有利于建设单位日常维护人员有针对性的对设备进行分级管理和维护。

3. SIL0 和 SILa 回路

SIL0 是指联锁无需接入 SIS 内执行，SILa 是指联锁在 SIS 内实现但是对 SIF 回路的安全完整性等级无要求。如果一个项目中有很多个 SIF 回路，有的是 SIL1，有的是 SIL2，也有的一些是 SIL0 或者 SILa，那么只需要对 SIL1、SIL2、SIL3（不常见）的 SIF 回路进行验证，因为只有这些回路有安全完整性等级的要求，需要计算回路的要求时平均失效概率 PFD_{avg}。

但是也有一些项目，SIL 定级报告里面回路全部是 SIL0 和 SILa（大部分情况时涉及到"两重点一重大"），按照技术层次上来说应该是不需要进行 SIL 验证的。但是安全监管文件和安全检查专家提出来，让企业补充 SIL 验证报告。SIL 定级时可能想尽可能的降低回路的 SIL，但是并没有为此降低了什么配置或者减少了什么程序。这样的项目是令人尴尬的，在做 SIL 验证的过程中，就把 SILa 的回路进行一下认证，当然结果也是可想而知的，最终配置的回路一定能够满足 SILa 的要求(因为 SILa 对安全完整性等级无要求)。

4. 电气回路的验证范围

和电气之间的联锁很常见，如停泵、停压缩机、启动风机等；也有的是电气信号参与 SIS 的联锁，如电机电流、故障、运行等信号。

若是停电气设备，SIS 是发出信号至电气配电间配电回路的继电器，只要继电器动作导致配电回路停电即可实现要求，故这类的 SIF 回路的输出只包含电气配电间配电回路的继电器，见图10.8。

图 10.8　SIF 回路配置图

若是启动电气设备，如有毒气体浓度过高启动风机的联锁在 SIS 上实现，那么电气配电间配电回路的继电器动作了也不代表电气设备就能启动，只代表电气设备的供电回路得电了，还需要考虑电气设备(如泵、风机)本身的失效，故这类的 SIF 回路的输出不仅包括电气配电间配电回路的继电器，还得包括电气设备、供电回路等，这个考虑起来就比较复杂了。

电气设备的故障、运行等信号是采集于电气配电间配电回路的继电器或接触器等，SIF 回路的验证范围也只到这个继电器或接触器，如果继电器或接触器正常工作的话则反映电气设备本身的失效与否，见图10.9。

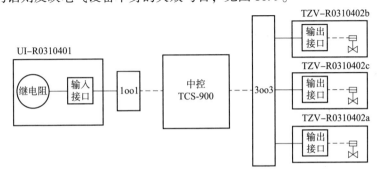

图 10.9　SIF 回路配置图

电气设备的电流如果是来源于电流变送器，那么 SIF 回路的验证范围就是电流变送器，如果电流变送器能够正常工作则能反映电气设备本身的失效与否；如果是来源于变频器，那么 SIF 回路的验证范围就包括了变频器，变频器就是这个 SIF 回路的输入子单元。

5. 表决结构的绘制

SIL 定级目前多采取 LOPA 的方法，是在 HAZOP 偏离分析的基础上，进一步确认现有保护措施是否能够将风险发生概率降低到企业可接受的频率范围内，故会将 SIS 联锁拆分成若干个回路。

如反应釜温度过高或搅拌失效可能导致超压，这里面就有三个偏离，分别是"温度过高"、"搅拌失效"、"压力过高"，LOPA 里面会得出三个 SIF 回路，见表 10.7。

表 10.7　SIF 一览表

序号	SIF 名称	SIF 描述（关键安全动作）	SIL 等级
1	硝化反应釜 R3201A 温度高高联锁	当反应釜 R3201A 温度 TZT - R3201A2 高高时，SIS 联锁切断夹套蒸汽进出阀 XZV - R3201A3、XZV - R3201A7（2oo2）；打开夹套循环水进出切断阀 XZV - R3201A5、XZV - R3201A6（2oo2）；切断进料阀 XZV - R3201A9（1oo1）；XZV - R3201A10（1oo1）。（执行元件单元整体 4oo4）	SIL1
2	硝化反应釜 R3201A 压力高高联锁	当反应釜 R3201A 压力 PZT - R3201A2 高高时，SIS 联锁切断夹套蒸汽进出阀 XZV - R3201A3、XZV - R3201A7（2oo2）；打开夹套循环水进出切断阀 XZV - R3201A5、XZV - R3201A6（2oo2）；切断进料阀 XZV - R3201A9（1oo1）；XZV - R3201A10（1oo1）。（执行元件单元整体 4oo4）	SIL1
3	硝化反应釜 R3201A 电流联锁	当反应釜 R3201A 电机 YI - R3201A 电流异常时，SIS 联锁切断夹套蒸汽进出阀 XZV - R3201A3、XZV - R3201A7（2oo2）；打开夹套循环水进出切断阀 XZV - R3201A5、XZV - R3201A6（2oo2）；切断进料阀 XZV - R3201A9（1oo1）；XZV - R3201A10（1oo1）。（执行元件单元整体 4oo4）	SIL1

在 SIL 验证时，我们根据 SIF 回路一览表就可以绘制三个分开的联锁逻辑图表决结构，分别对它们进行验证，见图 10.10 ~ 图 10.12。

上述三个偏离的后果都是"压力过高"，所以如果从后果为导向的话，它们可以合并成一个 SIF 回路，目的都是为了防止反应釜压力过高，见图 10.13。这个 SIF 回路的传感器子单元是三取一的表决结构，这个和 SIS 联锁逻辑图更贴近。

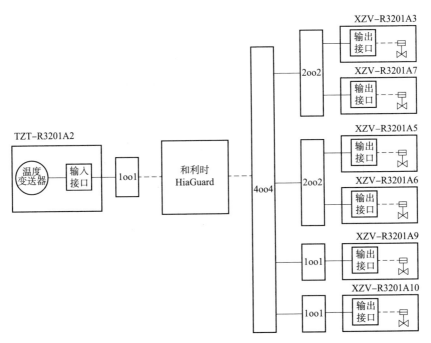

图 10.10 温度联锁表决结构

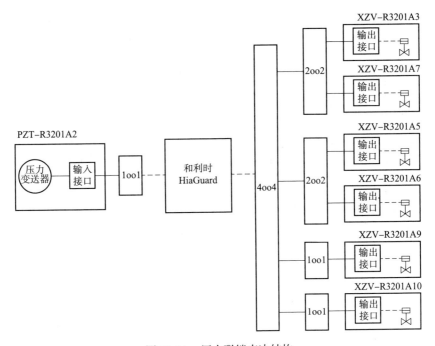

图 10.11 压力联锁表决结构

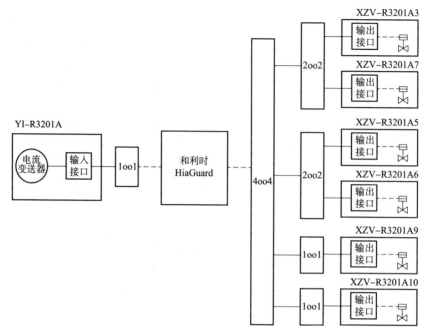

图 10.12　电流联锁表决结构

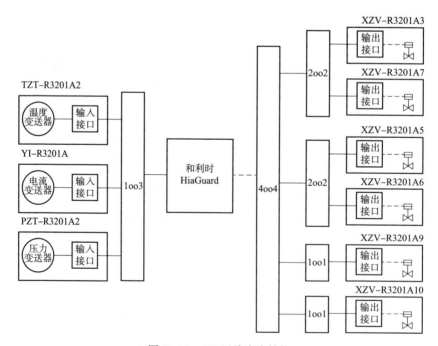

图 10.13　SIF 回路表决结构

以"压力过高"后果为导向的 SIF 回路的 SIL 等级同样为 SIL1，因为后果严重性等级对应的可接受频率、场景的修正因子、独立保护层都未发生变化。所以像图 10.10～图 10.12 那样分 3 个回路验证，或者是像图 10.13 这样以后果为导向合并在一起验证都是可以的。从应用角度来说，图 10.13 这样的表决结构更符合实际使用场景，各个传感器之间不是互相独立的，搅拌电流异常会导致温度过高，温度过高也会导致压力过高，它们之间是相关关联的，这样的三取一结构也是冗余的一种实现方式。

上述讨论了 SIL 验证范围的确定方式。根据现场实际情况，确定各 SIF 回路的仪表位号、选型、回路配置、逻辑关系后，SIL 验证这项工作已经完成了一大半。

10.4.3 失效数据的确定

设备的失效数据是用来计算要求时平均失效概率 PFD_{avg} 的基础，在实际项目中会出现如下几种情况：

1. 设备无安全功能认证

不管是出于商业目的还是技术目的，近些年的仪表、设备纷纷取得安全功能认证，加之论坛、展会、自媒体、招投标、专家检查等推动，进 SIS 的设备需有安全功能认证的理念逐步深入人心。

如果说严格的按照 IEC61508 进行产品的设计、研发、制造的，使得产品质量更加稳定，失效概率更低，那么这个设备在取得安全功能认证的过程中，认证对它是有促进作用的。如果取得认证只是为了满足招投标和目前安全监管理念的要求，产品并没有改善，那么白白增加企业负担。

从 SIL 验证角度来看，并非所有进入 SIS 的设备必须取得安全功能认证(在役装置中多见的如继电器、电流变送器、磁浮子液位计、分析仪等部分产品未取得功能安全认证)，不管取没取得功能安全证书，设备本身都是存在一定的失效概率，不同的是这个失效概率是通过何种概率统计的方法论计算出来的。

对于在役装置或者新建装置中存在未取得安全功能认证的设备，可以根据使用经验讨论确定此品牌型号设备在本工况下的 $MTTF_D$，通过 $MTTF_D$ 的值来换算检测出的危险失效概率 λ_{DD}，并保守的认为未检测出的危险失效概率 $\lambda_{DU}=0$。注意的是，如果切断阀的阀体和执行机构都没有安全功能认证，可以将它们合并成

一个整体评估 $MTTF_D$ 值(电磁阀不包括在内)。

此种方法需基于现场实际使用经验,因大部分企业并未建立完整的、有效的设备维修记录,故无法准确进行概率统计,在使用 $MTTF_D$ 值时需集体讨论认可,制定出一个合理的失效概率。同时 SIL 验证时 SIF 回路还需要对设备的系统性能力 SC 进行匹配,因根据经验或者维修记录的 $MTTF_D$ 无法有效区分故障是随机硬件失效还是系统性失效,故使用 $MTTF_D$ 时计算时可默认设备的系统性能力 SC 满足 SIF 回路的要求(因为它包括了硬件和系统失效)。

2. 失效数据的有效性

西方采取系统论、方法论的方式去用文件证明设备的有效性,我们传统以使用经验做为设备好坏的依据,这并没有什么优劣之分,只是不同的工作方式和思维模式,当然目前各行业还是逐步往"用书面文件记录行为"的方向发展。

书面化、系统化有利于促进我们工程管理水平的进步,但是同时尽信书不如无书,经验主义并非无用武之地。有些设备的安全功能认证证书上的失效数据值很低,和实际使用经验差距较大,因为设备的性能表现与现场的工况有密切的关系。还有部分设备只是为了取得证书方便投标和应付检查,"花钱买证"自然证书上面的数据可信度也是很低的。

我们在使用和现场有较大偏离的安全功能认证证书上的失效数据时,应谨慎对待,如果偏离较大,不能真实反映在此工况下 SIF 回路的失效概率的话,还不如采用 $MTTF_D$ 的值代入计算。

对于重要的联锁回路,选用质量可靠的、冗余的表决结构的设备往往比采取经过安全功能认证的单一设备更有效。

3. 失效概率搜集困难

安全认证机构提供的认证证书直接给出失效数据 λ_{DD}、λ_{DU} 的有 Exida、上海仪器仪表自控系统检验测试所、ECM 的部分证书、ESC、BV、Sira、risknowlogy 等;但是有些机构如 TÜV Rheinland、TÜV SÜD、TÜV NORD、SGS、机械工业仪器仪表综合技术经济研究所安全中心等,它们的认证证书和失效数据是分开的报告,需查询设备的安全手册(Safety Manual)或者设备的产品手册中进行寻找详细的失效数据(如 MTL、P + F、EJA 等部分产品)。

4. 证书直接给出 PFD_{avg} 值

这个常见于安全型逻辑控制器,如中控、和利时、优稳、西门子等,它们提供的设备失效数据中，直接给出各卡件在不同工况、测试条件下的 PFD_{avg} 值；也有的认证机构如 SWISS、ECM 的部分证书，会直接给出 PFD_{avg} 值或者 PFH(average frequency of a dangerous failure per hour, 每小时危险失效平均概率)值。

直接给出 PFD_{avg} 值时，只需要根据项目情况进行选择合适的 PFD_{avg} 值累加起来即可；如果给的是 PFH，项目中 SIS 的运行模式是低要求模式，则要通过换算求得 PFD_{avg} 值。

10.4.4　普遍存在的问题

SIL 验证是一套系统的方法论，在做 SIL 验证项目时，发现各化工企业还存在诸多较为普遍的问题：

(1)绝大部分 SIL1 的 SIF 回路验证是容易通过的；对于 SIL2 和 SIL3，如果执行元件子单元较为复杂，则有可能计算不通过，但是这类型的回路较少。所以如果仅仅是为了知道配置的 SIF 回路满足不满足 SIL 定级的要求，其实现实意义并不大，而且计算模型中有太多可以人为调整的因素，会出现"为了通过而通过"的情况。

(2)安监文件将 SIL 验证做为工程是否能够通过验收的评判标准之一有待商榷，目前虽然有很多人参加了社会培训，但是能够看懂 SIL 验证报告的并不多，挑毛病的就更少了。大部分企业花了钱做完了报告以后，只是为了应付检查，对于安全管理提升并没有促进作用。

SIS 的周期性测试对安全生产至关重要，SIS 平时处于休眠状态，有些设备已经故障了但是并没有被检测出来，所以需要企业定期的去校准设备、测试回路，并形成真实的、完整的、有效的测试记录，这个比项目投产后做 SIL 验证报告更有效。

(3)很多企业的文件管理都存在缺陷，缺乏专业的文档管理员，缺乏系统的资料记录，新建项目的图纸、报告、设备清单等都会有不齐全的情况，服役多年的老装置更是残缺不全。现场变更以后，图纸、报告、资料并没有及时更新，导致资料和现场不一致。

(4)企业缺乏专业的技术人员，依靠第三方技术服务力量完成设计、咨询等工作，但是受限于第三方技术服务公司人员的经验和水平，导致图纸、报告上错误百出，前后矛盾等。

(5)安全检查对精细化工、储运等项目提出的问题较多，因这类型的装置安全监管要求比较简单，联锁也很好理解；但是对大型联合装置，联锁、控制错综复杂，靠"走马观花"式的检查是很难发现问题。

(6)危险往往发生在装置开、停车和检维修过程中，所以重视安全性的同时应该也要重视可靠性，一味的增加SIS联锁可能会导致装置误停车概率上升，从而带来停车和开车阶段的风险。

10.5 小 结

本章没有对误动率STR进行计算，具体计算流程和方法同PFD_{avg}，计算方法可以采用第8章的故障树模型。

SIL验证是功能安全管理中验证环节的一部分。近年来安全监管文件中把SIL验证作为装置投产条件或者在役装置复产条件，这有利于促进功能安全管理的完善，但也存在SIL验证报告拿到后就被束之高阁，只为应付检查。耗时耗力之后，SIL验证对安全管理是否起到了应有的作用，值得深思。

SIL验证应使用简单、有效的方法，选用技术难度高的方法(如马尔可夫模型)等只会提高获取知识的难度。因此推广快速有效、简单、耗时少、投资少的方法具有现实意义。

参考文献

[1]阳宪惠，郭海涛. 安全仪表系统的功能安全[M]. 北京：清华大学出版社，2007.

[2]冯晓升，熊文泽，潘钢，等. GB/T 20438—2017 电气/电气/可编程电子安全相关系统的功能安全[S]. 北京：中国标准出版社，2017.

附录

缩略语及释义

序号	缩略语	解　释	全　称
1	AMS	设备管理系统	Asset Management System
2	BMS	燃烧器管理系统	Burner Management System
3	BPCS	基本过程控制系统	Basic Process Control System
4	CCF	共因失效	Common Cause Failure
5	CCS	压缩机控制系统	Compressor Control System
6	CPU	中央处理器	Central Processing Unit
7	DCS	集散控制系统	Distributed Control System
8	DC	诊断覆盖率	Diagnostic Coverage
9	DC_D	危险失效诊断覆盖率	Diagnostic Coverage of Dangerous failure
10	DC_S	安全失效诊断覆盖率	Diagnostic Coverage of Safe failure
11	DD	检测出的危险失效	Dangerous Detected
12	DDC	检测到的共因危险失效	Dangerous Detected Common
13	DDN	检测到的非共因危险失效	Dangerous Detected Non – common
14	DU	未检测出的危险失效	Dangerous Un – detected
15	DUC	未检测到的共因危险失效	Dangerous Un – detected Common
16	DUN	未检测到的非共因危险失效	Dangerous Un – detected Non – common
17	DN	非共因危险失效	Dangerous Non – common
18	EMC	电磁兼容性	Electro Magnetic Compatibility
19	EMI	电磁干扰	Electro Magnetic Interference
20	ESD	紧急停车系统	Emergency ShutDown system
21	F&GS	火灾报警及气体检测系统	Fire alarm And Gas detector System
22	Fit	菲特(单位)	Failures In Time
23	FMEDA	失效模式、影响与诊断分析	Failure Mode, Effect and Diagnostic Analysis
24	FSA	功能安全评估	Functional Safety Assessment
25	FSM	功能安全管理	Function Safety Management
26	FC	故障关	Fail to Close position

续表

序号	缩略语	解　释	全　称
27	FO	故障开	Fail to Open position
28	FL	故障保持	Fail Locked in last position
29	FLC	故障保持(趋向关)	Fail at Last position drift to Close
30	FLO	故障保持(趋向开)	Fail at Last position drift to Open
31	FDD	检测出的危险失效	Failure of Dangerous Detected
32	FDU	未检测出的危险失效	Failure of Dangerous UN – detected
33	FSU	未检测出的安全失效	Failure of Safe UN – detected
34	FD	危险失效	Failure Dangerous
35	FS	安全失效	Failure Safe
36	FTA	故障树分析法	Failure Tree Analysis
37	FAT	工厂测试验收	Factory Acceptance Testing
38	GDS	气体报警系统	Gas Detector System
39	GPS	全球定位系统	Global Positioning System
40	HAZOP	危险和可操作性分析	Hazard and Operability study
41	HART	可寻址远程传感器高速通道	Highway Addressable Remote Transducer
42	HIPPS	高完整性压力保护系统	High Integrity Pressure Protection System
43	HFT	硬件故障裕度	Hardware Fault Tolerance
44	HMI	人机界面	Human Machine Interface
45	HSE	健康、安全和环境管理体系	Health、Safety、Environmental
46	IE	初始事件	Initial Event
47	I/O	输入/输出	Input/Output
48	IPL	独立保护层	Independent Protection Layer
49	LOPA	保护层分析	Layer Of Protection Analysis
50	LT	有效使用寿命	Life Time
51	MTBF	平均故障间隔时间	Mean Time Between Failure
52	MTTF	平均无故障时间	Mean Time To Failure
53	$MTTF_D$	平均无危险失效故障时间	Mean Time To Dangerous Failure
54	$MTTF_S$	平均无安全失效故障时间	Mean Time To Safe Failure
55	MTTR	平均修复时间	Mean Time To Repair
56	MooN	N 中选取 M	M out of N
57	MSDS	化学品安全技术说明书	Material Safety Data Sheet
58	NTP	网络时间协议	Network Time Protocol
59	OPC	用于过程控制的 OLE	OLE for Process Control

续表

序号	缩略语	解　释	全　称
60	PLC	可编程序逻辑控制器	Programmable Logic Controller
61	PFD	要求时危险失效概率	Probability of dangerous Failure on Demand
62	PFD$_{avg}$	要求时危险失效平均概率	average Probability of dangerous Failure on Demand
63	PFS	年误动率	Probability of Fail Safe per year
64	P&ID	工艺管道仪表流程图	Piping And Instrument Diagram
65	PST	过程安全时间	Process Safety Time
66	PST	部分行程测试	Partial Stroke Testing
67	PSSR	启动前安全检查	Pre – startup Safety Review
68	RRF	风险降低因子	Risk Reduction Factor
69	QMR	四重化冗余	Quadruple Modular Redundancy
70	RFI	射频干扰	RF Interference
71	SA	安全有效性	Safety Avaliability
72	SAT	现场测试验收	Site Acceptance Testing
73	SC	系统性能力	Systematic Capability
74	SD	平均重启时间	the time required to restart the process after a ShutDown
75	SIF	安全仪表功能	Safety Instrumented Function
76	SIL	安全完整性等级	Safety Integrity Level
77	SIS	安全仪表系统	Safety Instrumented System
78	SOP	标准操作规程	Standard Operation Procedure
79	SPD	浪涌保护器	Surge Protective Device
80	STL	误停车等级	Spurious Trip Level
81	STR	误动率	Spurious Trip Rate
82	SRS	安全要求规格书	Safety Requirement Specification
83	SD	检测出的安全失效	Safe Detected
84	SU	未检测出的安全失效	Safe Un – detected
85	SFF	安全失效分数	Safe Failure Fraction
86	SDC	检测到的共因安全失效	Safe Detected Common
87	SUC	未检测到的共因安全失效	Safe Un – detected Common
88	SDN	检测到的非共因安全失效	Safe Detected Non – common
89	SUN	未检测到的非共因安全失效	Safe Un – detected Non – common
90	TI	检验测试时间间隔	Test Interval
91	TMR	三重化模块冗余	Triple Modular Redundant
92	UPS	不间断电源	Uninterrupted Power Supply

公式内符号

序 号	符 号	定 义
1	β	共因失效系数
2	β_{DU}	未检测到的危险故障的共因失效系数
3	β_{DD}	检测到的危险故障的共因失效系数
4	f_i^C	初始事件 i 的后果 C 的发生频率
5	f_i^I	初始事件 i 的发生频率
6	f_i^E	使能事件或条件发生概率
7	P_{ig}	点火概率
8	P_{ex}	人员暴露概率
9	P_d	人员受伤或死亡概率
10	λ	失效概率
11	λ_{SD}	检测出的安全失效概率
12	λ_{SU}	未检测出的安全失效概率
13	λ_{DD}	检测出的危险失效概率
14	λ_{DU}	未检测出的危险失效概率
15	λ_{DN}	非共因危险失效概率
16	λ_{DDC}	检测到的共因危险失效概率
17	λ_{DUC}	未检测到的共因危险失效概率
18	λ_{DDN}	检测到的非共因危险失效概率
19	λ_{DUN}	未检测到的非共因危险失效概率
20	λ_{SDC}	检测到的共因安全失效概率
21	λ_{SUC}	未检测到的共因安全失效概率
22	λ_{SDN}	检测到的非共因安全失效概率
23	λ_{SUN}	未检测到的非共因安全失效概率
24	C	比较程序的诊断覆盖率